KB125217

내 아이를 위한 7가지 성공 씨앗

– 남자아이 편 –

내 아이를 위한 7가지 성공 씨앗

아이의 인생을 바꾸는 잠재의식 교육법

나카노 히데미 지음 | 이지현 옮김

★★★
남자아이 편

사랑하는 내 아들에게.

너는 엄마가 사는 의미 그 자체야. 별로 좋은 엄마가 아니라서 미안해.

그래도 이 말만은 자신 있게 할 수 있어. 언제나 너를 가슴 깊이 사랑한단다.

영원히 사랑해. 그리고 항상 엄마는 네 편이야.

앞으로도 더욱 건강하고 행복하길 바란다.

장래에 성공을 거머쥐는 뛰어난 사람으로 키우기 위해서

이 책과 만난 특별한 인연의 당신에게 감사의 마음을 전한다. 우선 당신에게 해주고 싶은 말이 있다.

바로 '이 책은 기존의 육아서와 전혀 다르다'는 것이다.

다른 점으로 크게 세 가지를 들 수 있다.

첫 번째는 자녀의 '잠재의식'이라는, 지금까지 그 누구도 다루지 않았던 영역을 깊게 파고든 육아서라는 점이다.

두 번째는 부모가 자녀에게 건네는 '언어'에 초점을 맞춘 책이 아니라, 언어와 마찬가지로, 아니 경우에 따라서는 그 이상으로 자녀에게 더 큰 영향을 미치는 '부모의 태도와 행동', '부모의 삶의 방식'에 관해서 자세하게 언급하고 있다는 점이다.

마지막 세 번째는 '오늘부터라도 당장 실천할 수 있고, 큰 효과를 기대할 수 있는 방법'을 실었다는 점이다.

다시 말하지만 이 책은 일본 최초로 '자녀의 잠재의식을 자극하는 육아법'을 구체적으로 소개하고 있다. 만일 이 책에서 소개하는 방법을 실제 육아에 접목한다면 당신의 자녀도 틀림없이 장래에 성공을 거머쥐는 뛰어난 사람이 될 것이다.

자기소개가 늦었는데 내 이름은 나카노 히데미다. 지금까지 20여 년간 심리치료사(Psychological therapist)로 활동하고 있다.

나는 심리치료사로서 주로 잠재의식의 영역을 다룬다.

잠재의식을 자극하고 활성화시키는 심리 치료는 심리 요법 중에서 가장 어렵고 섬세한 영역이다. 이런 심리 치료는 일반 상담(counseling)보다 고객의 정신과 마음, 나아가 인생까지 깊게 관여하는 것이 특징이다.

그래서 일반 상담에 비해 치료 시간도 길다. 일반 상담은 보통 1~3시간 정도 상담을 하지만 나는 6시간을 치료에 할애한다. 이례적으로 긴 편이다. 내가 지금까지 치료해온 고객이 3천 명 이상이니 심리 치료에 들인 시간만 따져도 1만 8천 시간 이상인 셈이다.

나는 심리 치료를 할 때 고객의 어린 시절에 대해 상세하게 묻는다. 그중에서도 특히 부모가 어떤 사람이었고, 그런 부모에게서 어떻게 양육됐는지를 보다 깊게 파고든다.

그 결과, 내가 알게 된 점은 부모의 양육 방법이 자녀의 인생을 크게 좌우한다는 사실이다.

물론 '당연한 거 아닌가요?'라고 묻고 싶을 것이다. 하지만 이는 그리 간단하지 않다.

부모라면 누구나 '자신보다 소중한 자녀의 미래를 위해서 좋다는 것은 뭐든지 다 해주고 싶어'한다. 나 또한 두 아이의 엄마이기에 이런 부모의 마음을 누구보다 잘 안다.

하지만 '내리사랑은 있어도 치사랑은 없다'는 속담처럼 내가 20년 가까이 심리 치료를 하면서 알게 된 것은 부모가 아무리 자식을 위해서 한 일이라도 자식이 이를 순순히 받아들이지 않을 수도 있다는, 부모에게는 다소 충격적인 사실이다. 그렇다면 어떻게 하면 좋을까?

그에 대한 답이 바로 자녀의 잠재의식을 자극하는 방법이다.

만일 이것이 가능하다면 그 효과는 자녀의 미래에 반영구적으로 지속될 수 있다. 단, 자녀의 잠재의식을 자극한다면서 오히려 '실패로 이끄는 씨앗'을 뿌린다면, 모든 것이 물거품이 되어 역효과가 날 수 있으니 주의해야 한다. 어디까지나 자녀에게 '성공으로 이끄는 씨앗'을 심어줘야 한다.

어쩌면 당신은 '무엇이 실패를 낳고 무엇이 성공을 낳는지 모르겠다'며 불안해할지도 모른다. 하지만 안심하길 바란다. 이 책은 무엇이 자녀를 실패로 이끄는지에 대해서도 상세하게 다루고 있다.

또한 내가 오랜 연구 끝에 얻어낸 부모의 말과 행동, 태도, 삶의 방식을 통해서 자녀의 잠재의식에 어떻게 하면 '성공의 씨앗'을 심을 수 있는지도 빠짐없이 실었다.

물론 그 효과는 내 고객들이 증명해주고 있다. 내 조언을 실천한 대부분의 부모들은 자녀의 '극적인 변화'라는 달콤한 열매를 맛보고 있다('기쁨의 후기'는 프롤로그를 참고하길 바란다). 나 또한 이 방법으로 아들을 키웠는데, 아들은 현재 어린 시절의 꿈이었던 수의사가 되어 진료와 연구에 매진하며 행복하게 살고 있다.

나 자신은 물론 아들에게까지 효과를 본 방법을 이번 기회에 더 많은 부모들이 남자아이를 키우는 데에 활용하고 실천했으면 하는 바람으로 이 책을 썼다.

앞에서 언급했듯이 나는 지금까지 잠재의식을 자극하는 심리치료사로서, 아마도 일본에서는 가장 깊이 있게 그리고 오랫동안 부모와 자녀의 관계에 초점을 맞춘 조언을 해왔다고 자부한다.

내 치료 방법은 '교류 분석'이라는 심리학을 바탕으로 '신경언어 프로그래밍(NLP, Neuro-linguistic Programming)'과 '현대 최면'을 함께 구사하는 독특하면서도 과학적인 근거를 바탕으로 한 치료법이다. 이런 의미에서 책에서 소개하는 자녀의 잠재의식을 자극하는 방법은 심리치료사로서 내 인생을 응축해 놓은 것이라고 할 수 있다.

세상 그 누구보다 소중하고 사랑스런 아들이 아플 때, 부모는 그보다 더한 아픔을 느낀다. 할 수만 있다면 목숨까지 내놓을 수 있는 것이 부모 마음이다.

무엇과도 바꿀 수 없는 유일무이한 아들의 인생에 환히 빛날 '성공의 씨앗'을 꼭 선물할 수 있기를 바란다.

부모와 자녀의 심리 커뮤니케이션 협회

대표 나카노 히데미(中野日出美)

차례

성공의 씨앗 1

남자아이의 잠재의식에 슬며시 '자신을 사랑하는 씨앗'을 심는다

성공의 씨앗 2

남자아이의 잠재의식에 슬며시 '학력 증진의 씨앗'을 심는다

성공의 씨앗 3

남자아이의 잠재의식에 스며시 '사람을 잘 사귀는 씨앗'을 심는다

성공의 씨앗 4

남자아이의 잠재의식에 슬며시 '사랑받는 남자가 되는 씨앗'을 심는다

성공의 씨앗 5

남자아이의 잠재의식에 슬며시 '쉽게 포기하지 않는 강인함의 씨앗'을 심는다

성공의 씨앗 6

남자아이의 잠재의식에 슬며시 '자기 관리의 씨앗'을 심는다

성공의 씨앗 7

남자아이의 잠재의식에 슬며시 '돈을 잘 버는 씨앗'을 심는다

"

아이의 잠재의식은 마치 밭과 같다.
부모가 아이에게 주는 메시지는 씨앗과 같다.
밭에 뿌린 씨앗은 무럭무럭 자라서
나무가 되고 마침내 아름다운 꽃을 피운다.
그러나 부모가 심은 씨앗은 자녀의 인생에서
성공의 꽃이 되기도 하고 실패의 꽃이 되기도 한다.

"

프롤로그

잠재의식이라는 밭에 일곱 가지 '성공의 씨앗'을 심자

왜 아이의 잠재의식을 자극하면 효과가 있을까?

'잠재의식이라니 왠지 미심쩍다'고 생각하는 당신에게

'들어가며'에서 '이 책은 기존의 육아서와 다르다'고 말했다. 그렇다면 무엇이 다를까?

한마디로 말하자면 '이 책은 아이의 잠재의식을 자극하는 육아법'을 소개하고 있다.

이것이 제일 크게 다른 점이다. 순간 '잠재의식이라니? 뭔가 수상한데. 그런 걸 아이한테 써도 되나?'라고 생각했을지 모른다.

아무 문제없으니 안심하길 바란다. 대부분의 사람들이 잠재의식이라고 하면 뭔가 미심쩍다고 생각하는데, 이는 시중에 나온 잠재의식 관련 서적 중에 오컬트적인 주장을 써놓은 책들 때문이다. 그러나 잠재의식 자체는 전혀 위험한 것이 아니다. 이 영역을 다루는 심리요법에는 오랜 역사와 확고한 근거가 있다.

실제로 잠재의식의 성질과 잠재의식을 다루는 방법을 체계화된 심리학 및 심리요법에 접목함으로써 우리는 인생을 극적으로 변화시킬 수 있다.

이 책은 최초로 그런 잠재의식의 성질을 활용해서 남자아이를 성공을 거머쥐는 행복한 사람으로 이끄는 구체적인 방법을 소개한다. 그러니 기대를 갖고 읽어주길 바란다.

이 방법을 아는 것과 모르는 것의 큰 차이

이 책을 읽다 보면 기존의 육아서와 다르다는 점을 느끼게 될 것이다. 또한 부모로서 가슴을 쓸어내릴 정도로 안타까운 사례 때문에 깜짝 놀랄 것이다. 하지만 남자아이를 키우는 데 싫은 소리 한 번 하지 않고 이상론만 추구한다면, 험난한 여정의 인생을 헤쳐나갈 씩씩한 남성으로 키울 수 없다. 그래서 이 책에서는 일부러 자녀의 인생에서 일어날 수 있는 가능성을 솔직 담백하게, 그리고 구체적으로 다루고 있다.

재차 언급하는데 잠재의식을 자극하고 활성화시키는 육아법은 안전하며 상당히 효과적이다. 정신 분석학이나 발달 심리학, 교류 분석 등의 효과적이면서 권위 있는 이론을 탁상공론으로 끝내지 않기 위한 방법이라는 점을 강조하고 싶다. 지금까지 이런 훌륭한 이론을 들을 기회는 있어도 실제로 육아에 어떻게 접목하고 활용하면 좋은지에 대해서 알기 쉽게 가르쳐주는 매체는 없었다.

그래서 나는 이 책을 통해 잠재의식을 다루는 심리치료사로서 경험했던 사례와 분석을 바탕으로 '부모가 자녀의 인생에 영향을 미친다는 것은 알아도 무엇이 어떤 영향을 미치는지, 그리고 어떻게 하면 되는지' 등과 같은 의문점에 대한 명쾌한 답을 제시하고자 한다.

앞으로 내가 알려줄 방법을 부모가 아느냐 모르느냐에 따라서 자녀 인생에 펼쳐질 가능성의 폭은 크게 달라질 것이다.

인간의 마음은 두 가지 영역으로 나뉜다

'잠재의식을 자극함으로써 자녀를 성공으로 이끄는 획기적인 방법.'

이 방법을 알려면 일단 잠재의식이 무엇인지를 알아야 한다. 자, 바로 알아보자.

인간의 마음에는 크게 나누어 두 가지 영역이 존재한다.

하나는 자각할 수 있는 마음의 부분인 '현재의식'이다. 현재의식은 분석, 선택, 판단 등을 관장한다.

그리고 다른 하나는 자각할 수 없는 마음의 부분인 '잠재의식'이다. 잠재의식은 감정, 감각, 직감, 상상력 등을 관장한다.

쉽게 설명하면 '현재의식=머리', '잠재의식=마음, 신체'라고 할 수 있다.

흔히 이 두 가지 영역은 빙산에 비유된다. 해면 위로 머리를 내밀고 있는 작은 빙산이 현재의식이라면, 해면 아래에 잠들어 있는 큰 빙산이 잠재의식이다.

잘 알다시피 빙산은 해면 위로 보이는 부분보다 해면 아래 보이지 않는 부분이 훨씬 크다. 이와 마찬가지로 인간의 잠재의식도 현재의식보다 몇 십 배나 크다.

우리의 인생에 가장 큰 영향을 미치는 것은?

또한 잠재의식은 단순히 현재의식보다 큰 것에 그치지 않는다. 실재 잠재의식은 현재의식에 비해 훨씬 더 많이 우리의 인생에 영향을 미친다. 왜냐하면 우리는 각자의 사고, 감정, 행동 패턴에 따라 살아가는데 이들 사고, 감정, 행동 패턴을 만드는 것이 잠재의식이기 때문이다.

'무슨 소리예요? 대게 우리는 자기 생각에 따라 행동하니까 자각할 수 있는 마음의 부분인 현재의식에 따라 사는 것이 아닌가요?'라고 물을 수 있지만, 아니다. 그렇지 않다.

우리는 자신의 행동을 머리로 결정한다고 생각한다. 하지만 원래 누군가와 만나거나 뭔가를 경험할 때에 어떻게 느끼느냐는 사람마다 다르다. 그리고 그때의 반응은 각자의 '가치관', 즉 '사고 패턴'에 따라 다르다.

예를 들어 물이 절반 정도 담긴 컵을 보고 '아직 절반이나 남았네'라고 느끼는 사람은 마음이 평온하지만 '절반밖에 남지 않았네'라고 느끼는 사람은 마음이 불안하다. 이렇게 되면 당연히 그 이후의 행동도 각각 다르다. 얼핏 머리로 생각하는 것 같지만, 본래 자신의 가치관에 따라 감정이 작용하고 그 이후의 행동이 결정되는 것이다. 그리고 그런 행동 하나하나가 쌓여서 인생이 만들어진다.

이런 사고, 감정, 행동 패턴을 만드는 것이 잠재의식이니 잠재의식이 우리의 인생에 얼마나 큰 영향을 미치고 있는지 잘 알 수 있을 것이다.

순순히 그 말을 따르고 싶은 쪽은?

그렇다면 우리의 인생에 영향을 미치는 사고, 감정, 행동 패턴은 대체 어떻게 만들어지는 것일까? 이는 잠재의식에 전달되는 메시지로 만들어진다.

이러한 잠재의식에 전달되는 메시지를 '암시(暗示)'라고 한다. 암시의 반대는 '명시(明示)'다. 자녀 교육으로 예를 들어 "충치가 생길 거야. 어서 양치해!"라고 자녀에게 말하는 것이 명시다. 반면에 "아빠는 무척 후회가 돼. 어렸을 때 양치를 조금만 더 잘했더라면 이를 뽑지 않아도 됐을 텐데"라고 말하는 것이 암시다.

만일 당신의 자녀라면 어느 쪽의 말을 듣고 순순히 이를 닦을 것 같은가? 대부분의 경우는 후자다. 명시는 '양치를 강요받는 기분'이 들게 한다. 하지만 암시는 '자기 스스로 양치하고 싶은 기분'이 들게 한다.

바로 이것이다. 명령이나 지시처럼 느끼는 대신 무심코 그 말을 순순히 받아들여 행동하게 만드는 '슬며시 던지는 메시지', 즉 암시야말로 잠재의식을 자극해 우리의 사고와 감정, 행동 패턴에 큰 영향을 미치는 것이다.

부모가 보내는 '세 가지 메시지'가 자녀의 인생을 결정한다!

우리의 일생은 '어린 시절'에 따라 결정된다

교류 분석이라는 심리학에서는 "사람은 누구나 어린 시절에 부모와 어떤 관계를 맺느냐에 따라서 '어떻게 살다가 어떻게 죽는다'는 무의식의 인생 시나리오를 갖게 된다"고 말한다. 마치 영화나 드라마의 대본처럼 시작이 있고 다양한 장면이 있고 결말을 향해 달려가는 기승전결의 패턴을 보이기에 이를 '인생 각본'이라고 부른다.

그렇다면 인간의 잠재의식에 존재하는 인생 시나리오는 언제, 어떻게 만들어지는 것일까?

이는 '어린 시절에 부모가 자녀에게 보내는 세 가지 메시지로 만들어진다'고 한다.

구체적인 내용은 다음과 같다.

첫 번째는 부모의 말이고, 두 번째는 부모의 행동과 태도, 세 번째는 부모의 삶의 방식이다.

이 세 가지 메시지가 자녀의 인생을 좌우하는 인생 시나리오의 바탕이 된다. 그리고 이 세 가지 메시지를 '암시=슬며시 던지는 메시지'의 형태로 전달하면 보다 큰 영향력을 발휘할 수 있다.

앞서 명시와 암시에 대해서 설명할 때 예로 든 양치를 떠올려 보자. 직설적으로 "양치해!"라고 말하는 것보다 부모가 양치에 대해서 실제로 느낀 점을 전달하는 편이 더 큰 영향력을 발휘하지 않았는가? 이처럼 어떤 메시지든 자녀의 잠재의식을 자극하는 데는 암시가 보다 효과적이다.

잠재의식이 '밭'이라면 부모의 메시지는 '씨앗'이다

나는 강의에서 잠재의식에 대해서 설명할 때 '밭'에 비유한다. 잠재의식은 마치 밭과 같다. 그리고 부모가 자녀에게 보내는 메시지는 '씨앗'과 같다.

밭만 보고는 그 밭에 어떤 씨앗이 심겼는지 전혀 알 수 없다. 하지만 시간이 흐르면 싹이 나고 잎이 나고 튼튼한 나무로 자란다.

이와 마찬가지로 자녀의 잠재의식이라는 밭에도 어떤 씨앗을 심느냐에 따라서 수확물은 확연히 달라진다.

자녀의 인생을 성공으로 이끄는 씨앗이 있다면, 실패로 이끄는 씨앗도 있다.

이 책에서는 부모가 보내는 어떤 메시지가 자녀의 잠재의식이라는 밭에 '성공의 씨앗'을 심는지 구체적으로 설명한다. 또한 앞으로 우리 아이들이 살아갈 시대에 남자아이를 인생의 승리자로 이끌기 위한 '성공의 씨앗'을 심는 방법도 자세하게 다룬다.

이 책에서 소개하는 자녀의 잠재의식에 '성공의 씨앗'을 심는 방법을 실천한다면, 자녀의 인생은 환히 빛나게 될 것이다.

남자아이에게 '성공'이란 무엇인가?

돈과 명예(사회적 지위)가 있다면 좋지만…

지금까지는 자녀의 잠재의식에 '성공의 씨앗'을 심는 것이 얼마나 중요한지에 대해서 이야기했다. 그렇다면 남자아이에게 성공이란 과연 무엇일까?

일반적으로 좋은 대학을 나와서 사회적 지위가 높은 직업을 갖고 1,000만 엔 이상의 연봉을 받으며 내 집 마련의 꿈을 이루고 정년퇴임까지 풍요롭게 사는 인생을 떠올릴 것이다. 아니면 어린 나이에 창업을 해서 회사나 시간에 얽매이지 않고 초고층 아파트에 살면서 고급 외제차를 끄는 청년 사업가를 떠올리는 사람도 있을 것이다. 물론 두 경우 모두 나쁘지 않은 인생이다. 하지만 실제로 돈과 명예가 있으면 무조건 성공한 삶일까?

나는 지금까지 수많은 고객들에게서 그들의 삶에 대한 이야기를 들어왔다. 그 결과 돈 많은 부자나 의사, 변호사 같은 누구나 꿈꾸는 전문직에 종사하는 남자라고 반드시 성공했다고 볼 수 없다는 것을 깨달았다.

물론 돈과 명예는 있는 편이 좋다. 당연하지 않은가? 하지만 자신의 인생에서 진실로 성공한 사람이 되려면 그것만으로는 부족하다.

현대 남성들이 처한 상황

내가 젊었을 때만 해도 남자라면 좋은 대학을 나와서 대기업에 취직하고 현모양처를 얻어서 자식을 낳고 단란한 가정을 꾸리고, 열심히 출세해서 정년퇴임 후 유유자적한 삶을 보내는 것을 목표로 삼았다. 대게 그랬다.

그런데 지금은 사정이 조금 다르다. 일단 대기업에 취직한다고 해서 나이에 맞게 승진하거나 연봉이 오르지 않는다. 그러기는커녕 언제 정리해고를 당할지 모르는 것이 현실이다.

경제력을 겸비한 여성들이 바라는 배우자의 조건 역시 날이 갈수록 높아지고 있다. 게다가 고생하면서까지 결혼하고 싶지 않다는 여성도 늘고 있다. 결국 옛날에 비해 결혼할 수 있는 남성의 수가 상당히 줄어들었다.

설령 결혼을 하더라도 경제적, 정신적으로 독립적인 아내는 가사와 육아를 방임하는 남편을 가만히 두지 않는다. 일찌감치 이혼장을 내밀거나 서서히 자식을 무기로 남편을 고립시켜 가장의 설 자리를 위협하기도 한다. 또한 애써 결혼 생활을 유지했더라도 황혼 이혼을 당하는 남성도 상당하다.

이처럼 남성들에게 놓인 상황은 그리 녹록치 않다. 매우 치열하고 심각하다. 그런데 이런 상황도 모자라 요즘 남성들에게는 큰 문제점이 있다.

바로 정신적으로 상처받기 쉬운 나약함과 커뮤니케이션(대화) 능력의 부족이다.

현대 남성들은 생각보다 섬세해서 쉽게 상처받는다. 게다가 대화 능력까지 떨어져 직장 내 동료나 상사, 부하, 친구, 연인, 아내, 자녀 등과 우호적인 관계를 맺는 데도 서툴다. 그래서 서로를 이해하거나 알지 못한다. 그 결과, 또다시 상처받는 악순환이 일어난다.

슬며시, 남보다 한 발 앞서는 남자아이로 키우자

이런 상황을 고려하면 남자아이가 앞으로 돈과 명예를 얻는 것만으로는 성공할 수 없다는 사실을 잘 알 수 있다. 따라서 '남자아이'라는 이유로 오로지 학력과 강인함만을 추구하거나, 반대로 '둘도 없는 소중한 아들'이라며 과잉보호하거나 간섭하는 것은 아이를 불균형적인 남성으로 자라게 할 뿐이다.

앞으로의 시대에 남자아이가 성공하기 위해서는 자신의 몸과 마음을 소중히 여기고, 타인의 마음과 입장을 헤아릴 수 있는 애정을 겸비해야 한다. 또한 위험을 무릅쓰고 도전할 수 있는 용기와 실패하더라도 쉽게 포기하지 않고 다시 일어서는 강인함도 필요하다. 그리고 상사에게 신임을 얻고 부하에게 존경을 받으며 동료들 사이에서 인기도 많고 처자식을 소중히 여기는 인간성, 나아가 경제력 등등 즉, 인생에서 진정한 성공을 거머쥐는 남성으로 키우려면 실로 다양한 능력을 길러줘야 한다. 남을 따돌리거나 짓밟고 혼자만 승리하는 비열한 남성으로 키워서는 안 된다.

중요한 것은 학력이든 돈이든 결혼이든 출세든 '남들만큼만 하면 된다'는 생각으로는 아무것도 손에 넣을 수 없다는 것이다. 그래서 부모가 평소에 자녀의 잠재의식에 슬며시 '성공의 씨앗'을 심어줘야 하는 것이다. 지금까지 이야기한 것처럼 자녀의 인생은 잠재의식이 만든다.

그리고 그 잠재의식을 움직이는 것은 바로 부모가 자녀에게 보내는 '암시=슬며시 보내는 메시지'다.

그렇다. 잠재의식을 자극하는 육아법이야말로 자녀를 자신의 몸과 마음을 소중히 여기고, 다른 사람과 진실한 사랑을 나누며 경제적으로는 물론 정신적으로 풍요로운 열매를 맺는 성공한 남성으로 키울 수 있다.

남자아이의
일곱 가지 '성공의 씨앗'

남자아이의 인생을 성공으로 이끄는 '여권'

지금까지 이야기한 것처럼 앞으로 우리 아이들이 살아갈 시대에 남자아이가 성공하기 위해서는 돈과 명예만 필요한 것이 아니다. 실로 다양한 능력이 요구되는데, 그중에서도 남자아이를 남들보다 뛰어난 아이로 키우려면 다음의 일곱 가지 '성공의 씨앗'이 필요하다.

성공의 씨앗 ① **자신을 사랑하는 씨앗**

일단 몸과 마음이 건강해야 한다. 그렇지 않으면 무엇을 손에 넣어도 성공했다고 말할 수 없다. 즉, 자신의 몸과 마음을 소중히 여기는 씨앗이 무엇보다 중요하다. 그것이 바로 '자신을 사랑하는 씨앗'이다.

성공의 씨앗 ② **학력 증진의 씨앗**

장래에 아이가 어떤 직업을 선택하든 '학력 증진의 씨앗'을 심어줘야 한다.

성공의 씨앗 ③ **사람을 잘 사귀는 씨앗**

인간의 최대 고민거리는 인간관계다. 직장이나 가정이 스트레스의 원인이 되지 않도록 '사람을 잘 사귀는 씨앗'을 많이 심어줘야 한다.

성공의 씨앗 ④ **사랑받는 남자가 되기 위한 씨앗**

앞으로 우리 아이들이 살아갈 시대에 남자는 그저 강하기만 해서는 안 된다. 주위 사람들에게 사랑받고 도움받을 수 있도록 '사랑받는 남자가 되기 위한 씨앗'을 심어줘야 한다. 이는 고독한 남성이 되지 않기 위한 씨앗이라고 할 수 있다.

성공의 씨앗 ⑤ **쉽게 포기하지 않는 강인함의 씨앗**

'쉽게 포기하지 않는 강인함의 씨앗'은 외면만이 아니라 내면까지 강인한 남성으로 키우기 위한 씨앗이다. 실패를 두려워하지 않고 도전하며, 좌절하더라도 다시 일어설 수 있는 남자아이는 앞으로 펼쳐질 인생을 씩씩하게 잘 헤쳐 나갈 수 있다.

성공의 씨앗 ⑥ **자기 관리(self control)의 씨앗**

꿈을 이루려면 계획성과 실행 능력이 필요하다. 자신의 감정과 행동을 조절하고 목표를 향해서 집중할 수 있도록 하는 것이 바로 '자기 관리의 씨앗'이다.

성공의 씨앗 ⑦ **돈을 잘 버는 씨앗**

돈을 많이 버는 것은 남자의 자신감과 자기긍정성을 높인다. 돈과 친해져 즐겁게 돈을 벌면서 풍요로운 인생을 보낼 수 있도록 하는 것이 바로 '돈을 잘 버는 씨앗'이다.

이 일곱 가지 '성공의 씨앗'은 남자아이의 인생을 성공으로 이끄는 '여권'과도 같다. 부모는 반드시 남자아이의 잠재의식에 슬며시 '성공의 씨앗'을 심어주어야 한다.

잠재의식을 자극하면 아이에게 큰 변화가 일어난다!

모든 것이 부모 하기에 달렸다

지금까지 설명한 내용이 이해가 되었는가? 물론 반신반의하며 여기까지 따라온 사람도 있을 것이다. 그렇다면 부모가 잠재의식을 자극함으로써 자녀에게 어떤 변화가 일어났는지, 내가 받은 '기쁨의 후기'를 일부 소개하도록 하겠다.

▶ 큰아들의 의욕 부진과 무기력함이 아빠인 저에게서 비롯됐다는 선생님의 지적에 깜짝 놀랐습니다. '아들에 대한 지나친 기대가 그 녀석을 궁지로 몰아넣었구나' 하고 반성했습니다. 상담 이후 큰아들은 서서히 밝은 성격을 되찾았고, 지금은 공부와 운동을

하면서 즐겁게 생활하고 있습니다. (초6 남자아이의 아버지, 45세)

▶ 창피하지만 저희 애는 몇 번을 말해도 숙제도 안 하고 이도 잘 안 닦았어요. 그래서 늘 고민이었죠. 그런데 선생님의 조언을 듣고 바로 실천했더니 그날부터 혼자 숙제도 하고 자발적으로 양치질도 하게 되었답니다. 믿을 수 없을 정도로 너무 놀라웠어요. 역시 아이에게 어떻게 말하느냐가 중요하더군요. 진심으로 감사드립니다! (초1 남자아이의 어머니, 34세)

▶ 학교에 가기 싫어하는 아들이 너무 걱정스러워서 그것만 신경 쓰다 보니 저도 모르는 사이에 아이를 점점 집에만 있게 했더라고요. 그런데 상담 이후에 아들을 대하는 방법을 바꿨더니 예전보다 잘 웃어요. 학교에 가고 싶다고 말하는 날이 멀지 않았다는 생각이 듭니다. (초3 남자아이의 어머니, 38세)

▶ 제가 무심코 했던 '서둘러!', '빨리 해!'라는 말이 아들 녀석의 손톱 물어뜯는 습관을 키웠다는 것을 알고 무서운 생각이 들었어요. 그래서 지금은 아이에게 말을 걸 때 단어를 가려서 사용하고 있답니다. (만 5세 남자아이의 어머니, 30세)

▶ 초등학교 4학년인 둘째 아들이 학교에서 따돌림 당한다는 것을

알고 학교와 교육위원회를 상대로 논쟁을 벌였습니다. 그런데 부모가 학교 선생님들과 다투는 모습이 오히려 아이에게 부담이 된다는 것을 선생님이 일깨워주셨죠. 상담 이후에 제 마음이 안정되었을 때 즈음일 겁니다. 그때부터 둘째 아들의 따돌림 문제도 자연스럽게 정리가 되더군요. 진심으로 감사드립니다! (초4 남자아이의 어머니, 44세)

▸ 초등학교 1학년 때부터 아이가 말을 더듬기 시작했어요. 아무리 애를 써도 고쳐지지 않았는데 남편과 제가 변하니 낫더라고요. 정말이지 깜짝 놀랐습니다. (초4 남자아이의 어머니, 39세)

이는 내가 받은 '기쁨의 후기'의 극히 일부에 지나지 않는다. 이것만 보더라도 자녀가 떠안고 있는 문제의 원인이 대부분 부모에게 있다는 사실을 잘 알 수 있다. 즉, 자녀의 인생에 나쁜 영향을 미치는 것도 부모요, 좋은 영향을 미치는 것도 부모다.

그러니 부디 자녀의 잠재의식에 '실패의 씨앗'이 아니라 '성공의 씨앗'을 많이 심어주길 바란다.

자, 이제 당신 자녀의 차례다!

다음 장부터는 남자아이의 잠재의식에 슬며시 '성공의 씨앗'을 심는 방법을 다음과 같은 순서로 알기 쉽게 설명하려고 한다.

절대로 심어서는 안 되는 '실패의 씨앗'

→ 반드시 심어야 하는 '성공의 씨앗'

→ '성공의 씨앗'을 키우는 "만약에?"라는 질문

→ 사랑하는 자녀를 성공으로 이끄는 힌트

일단 부모의 어떤 말과 행동, 삶의 방식이 자녀의 인생에 나쁜 영향을 미치는 '실패의 씨앗'이 되는지 알아본다.

이 부분에서 예로 드는 '실패의 씨앗'은 자녀의 인생에 심각한 영향을 미칠 가능성이 있는 것들이다. 그리고 그런 '실패의 씨앗' 때문에 자녀가 어떻게 나빠지는지에 대해서도 언급할 것이다. 물론 모든 아이가 100퍼센트 그렇게 되는 것은 아니지만, 많든 적든 나쁜 영향을 받을 수 있다는 의미에서 꼼꼼히 읽어주길 바란다.

그 다음으로 부모의 어떤 말과 행동, 삶의 방식이 자녀의 인생을 빛나게 하는 '성공의 씨앗'이 되는지에 대해서 알아본다.

그리고 '성공의 씨앗'을 키우는 "만약에?"라는 질문을 실었다. 즐거운 마음으로 자녀와 함께 답을 생각해 보길 바란다. "만약에?"라는 질문에 답하는 것만으로도 아이의 잠재의식에 다양한 '성공의 씨앗'을 심을 수 있도록 설계했다.

어떤 답이든 상관없다. "만약에?"라는 질문에는 정답이 없다. 질문을 듣고 그 답을 상상하거나 생각해 보는 것 자체가 아이의 잠재의식을 자극하고 다양한 능력을 꽃피우게 하는 씨앗이 된다.

따라서 자녀가 어떤 대답을 내놓더라도 절대로 다그치거나 혼내거나 비웃지 말고 마음속 깊이 흥미를 갖고 들어줘야 한다.

무엇보다 부모와 자녀가 함께 즐기면서 답을 상상하고 생각해 보는 것이 중요하다.

실제로 이런 시간을 보내는 것만으로도 아이의 잠재의식에 '성공의 씨앗'을 심을 수 있는 것은 물론, 부모와 자식 간의 유대가 더욱 돈독해지기도 한다.

또한 각 장의 마지막에는 이 시대의 육아 맘, 육아 대디에게 보내는 메시지를 담았으니 꼭 참고해줬으면 좋겠다.

자, 그럼 준비가 되었는가? 이제 일곱 가지 '성공의 씨앗'을 구체적으로 살펴보도록 하자.

“

부모의 가장 큰 바람은 자녀의 건강이다.

아무리 좋은 대학에 들어가 높은 연봉을 받는 직장에 취직하더라도

건강해야 진정한 성공이라고 말할 수 있기 때문이다.

그래서 자기 자신을 사랑하고

소중히 여길 줄 아는 '자기긍정성'이 중요하다.

자신의 몸과 마음을 지키는 멋진 어른으로 키우기 위해서

남자아이의 잠재의식에 '자신을 사랑하는 씨앗'을 심어주자.

”

성공의 씨앗 1

남자아이의 잠재의식에 슬며시 '자신을 사랑하는 씨앗'을 심는다

절대로 심어서는 안 되는 '실패의 씨앗'

'자기긍정성'은 자신을 사랑하는 원동력이다. 이 힘이 약하면 사소한 일로도 자신감을 잃거나, 자신이 진정으로 원하고 바라는 것이 무엇인지를 모르게 된다.

특히 남자아이는 사회나 가정에서 강인함을 강요받는 경우가 많다. 그래서 자신의 몸과 마음보다 타인 혹은 주어진 역할에 대한 책임을 우선시하기 마련이다.

그러나 부모의 지나친 기대나 편견, 그리고 건강을 소홀히 여기는 행동은 남자아이의 몸과 마음을 위험으로 내모는 '실패의 씨앗'을 심는 경우가 많다.

여기서는 남자아이의 잠재의식에 절대로 심어서는 안 되는 '실패의 씨앗'에 대해서 살펴보자.

① 칭찬할 때나 혼낼 때 무조건 '남자니까'라고 말한다

마코토의 엄마는 마코토가 첫 아이이자 아들이라서 너무나도 사랑스러웠다. 그래서 칭찬할 때는 '역시 남자라니까!', 혼낼 때도 '남자니까!'라며 무심코 '남자'라는 점을 강조해 왔다.

→ '역시 남자라니까!', '남자니까!'라며 강인함을 칭찬하거나 강요하는 훈육 방법은 자녀에게 '남자는 강해야 인정을 받는다'는 그릇된 생각을 심는다.

이런 경우 아이는 어른이 되어서 이성에게 졌을 때, 큰 패배감에 젖어 깊은 수렁에 빠질 위험이 있다. 또한 권위나 권력, 때로는 자신의 힘을 여성에게 과시해야 자존심을 지킬 수 있다고 착각하는 경우도 있다.

② 울거나 무서워할 때 '남자가 왜 그러니?', '남자가 그래서 되겠어?'라며 억지로 참게 한다

친구와 싸우고 집에 돌아온 유타는 엄마를 보자마자 울음을 터뜨렸다. 그런데 엄마는 유타를 위로하는 대신 "유타야, 남자가 울면 창피한 거야"라고 지적을 했다. 유타는 결국 애써 울음을 참을 수밖에 없었다.

→ 남자아이가 질질 짜거나 뭔가를 무서워할 때 '강한 아이가 됐으면 좋겠다'는 생각에 울음을 참게 하거나 불평을 늘어놓지 못하게 하면 어른이 되어서도 자신의 감정을 제대로 표현하지

못하거나 조절하지 못할 가능성이 높다. 이렇게 자신의 감정을 솔직하게 표현하지 못하면 점점 스트레스가 쌓여 결국 심신에 문제가 생기고 만다.

③ 부모가 일, 담배, 술 등을 조절하지 못한다

아키라의 아빠는 매일 건강에 좋다는 건강 보조 식품을 마신다. 아키라에게도 "뭐든 편식하지 말고 골고루 먹어야 씩씩한 사람이 될 수 있단다", "일찍 자야 키가 크지"라고 말한다. 하지만 정작 아키라의 아빠는 매일 회사 일로 늦게 귀가하거나 줄담배를 피우고 술까지 많이 마신다.

→ 부모가 입으로만 "건강에 유의해야 한다"라고 말하고 정작 밤늦게까지 일하느라 수면 부족에 시달리거나 술, 담배 등을 조절하지 못하면, 아이는 이를 '몸을 혹사하며 받은 스트레스는 술과 담배로 풀면 된다'는 메시지로 받아들인다.

④ '다 너를 위해서야'라며 부모가 자신을 희생하는 삶을 추구한다

아키후미의 엄마는 늘 "네가 생기는 바람에 결혼한 거야"라고 말한다. 부부 싸움이 잦아서 울 때도 많다. 그래도 '아키후미를 위해서 이혼은 안 할 거야'라며 꾹 참는다.

→ 이혼하고 싶어도 경제적, 정신적으로 자립할 수 없는 엄마들은 자식에게 '너를 위해서 이혼만은 하지 않을 거야'라고 애정표현을 한다.

이런 엄마의 말을 들으며 자란 아이는 '엄마가 불행한 것은 자기 때문'이라는 착각을 일으킨다. 그리고 엄마를 위해서 뭐든 열심히 해야 한다고 생각한다. 또한 어른이 되어서도 자신의 존재를 확인하기 위해서 항상 다른 사람에게 도움이 되려 노력하고 이를 통해서 안정을 찾는다. 어쩌다 실수라도 저지르면 갑자기 무력해지거나 심한 경우에는 삶의 의미까지 잃기도 한다.

⑤ 부모가 자신의 꿈을 아이를 통해서 대리 만족한다

다쿠야의 아빠는 의사가 되고 싶었지만 집에서 재수를 허락하지 않아 할 수 없이 공무원이 되었다. 그래서 아들인 다쿠야만은 몇 번을 재수하더라도 의대에 들어갔으면 하는 바람이 있다. 그래서 가족 모두가 생활비를 절약해 다쿠야의 교육에 투자하고 있다. 또한 매일 저녁 일찍 귀가해서 다쿠야의 공부를 봐준다.

→ 실제로 자신이 들어가지 못한 대학에 자녀가 합격하기를 바

라거나 자신이 동경했던 직업을 자녀가 가지기를 바라는 부모가 상당히 많다. 이는 자녀의 인생을 부모 인생의 연장선으로 바라보기 때문이다. 자식을 위한 일이고 겉으로는 좋은 부모처럼 보이기에 아이는 이런 부모를 비난하거나 반항하지 못한다. 오히려 어떻게든 부모의 기대에 부응하기 위해 노력한다.

하지만 이런 아이는 어른이 되어서 의사, 회계사 등 사회적으로 지위가 높은 전문직을 갖게 되더라도 행복 대신 오히려 알 수 없는 무력감을 느끼거나 우울증 증세까지 보일 가능성이 높다.

⑥ 아이가 아플 때만 자상하게 돌본다

유키의 부모는 맞벌이라 매일 바쁘게 생활한다. 그래서 평소에 유키의 응석을 잘 받아주지 못한다. 그래도 유키가 감기에 걸리거나 아플 때는 부모 중 한 사람이 휴가를 내고 지극정성으로 간호한다.

→ 평소에 바빠서 아이의 응석을 잘 받아주지 못하는 부모가 자식이 아플 때만 지극정성으로 돌보면 아이의 잠재의식에 '아프면 좋다. 그것도 많이 아플수록 엄마, 아빠가 더 잘해준다'는 '실패의 씨앗'을 심는 꼴이 된다. 이런 아이는 커서 '아프고 싶지 않다'는 생각을 해도 무슨 이유에서인지 쉽게 앓는다. 심한 경우 극심한 스트레스나 애정 결핍으로 큰 병에 걸리기도 한다.

⑦ 아이보다도 부모의 욕구를 우선시한다

가즈마사는 자주 할머니 댁에 맡겨진다. 가즈마사의 엄마는 '부모는 아이에게 멋진 모습을 보여주는 것이 최고'라고 생각하며 아로마테라피 자격증을 따고 영어 회화 학원에 다닌다. 또한 친구들과 식사를 하거나 콘서트에 가는 등 하루하루를 알차게 보낸다. 내년에는 해외로 단기 유학을 떠날 계획도 세우고 있다.

→ 물론 부모가 자아실현을 위해 보람차게 생활하는 모습을 보여주는 것은 자녀에게 긍정적인 영향을 미친다. 하지만 부모가 곁에 없다는 생각에 아이가 외로움을 느끼게 되는 것도 사실이다.

부모가 어른으로서 성숙하지 못한 채 자신의 욕구를 우선시하는 행동은 자녀의 잠재의식에 '나는 중요하지 않다. 가치 없는 인간이다. 인생의 주역은 내가 아니다'라는 '실패의 씨앗'을 심게 된다. 이런 아이는 어른이 되어서도 자신이 진정으로 무엇을 바라는지 알지 못해 결과적으로 남의 욕구를 우선시하는 삶의 방식을 택하기 쉽다.

반복해서 말하지만 '자기긍정성'은 아이가 살아가는 데 가장 중요한 감정이다. 실제로 자기긍정성이 낮은 아이는 '자신은 가치 없는 존재'라고 느낀다. 그래서 자기 몸과 마음을 지키지 못한다. 또한 타인의 공격이나 불합리한 처사도 쉽게 받아들인다. '나는 그런 취급을 당해도 어쩔 수 없는 인간'이라고 착각하는 것이다.

하지만 살아 숨 쉬는 생물인 이상 우리에게는 '어떡하든 더 살고 싶다'는 본능적인 욕구가 있고, 그 욕구가 자신의 존재 이유를 찾게 한다. 그런데 그런 존재의 이유를 느끼지 못하면 그 순간 우리는 삶의 의미를 잃어버리고 만다. 이처럼 자기긍정성은 생명과 관련이 있다. 학대, 방치 등 눈에 보이는 형태로 아이가 상처받는 경우에는 외부적인 지원을 받기 쉽다. 하지만 얼핏 아이를 위하는 것처럼 보이는 부모의 행동은 세상 사람들의 눈에 긍정적으로 비치기에 도움을 받기 어렵다. 실제로 주위를 둘러보면 자녀에게 '나는 가치 없는 인간이다'라는 생각을 갖게 하는 '실패의 씨앗'을 심고 있는 경우도 꽤 많으니 주의해야 한다.

일곱 가지
'자신을 사랑하는 씨앗'

자기긍정성이 높은 사람은 자신의 몸과 마음을 소중히 여기는 것은 물론, 타인의 존재와 가치도 인정하기 쉽다. 사회에서 성공하기 위해서는 타인을 신뢰하고 협력해 보다 높은 목표를 달성하는 것이 중요하다. 여기서는 남자아이의 인생을 성공으로 이끄는 '자신을 사랑하는 씨앗'에 대해서 살펴보도록 하자.

① 무조건 칭찬하지 않는다. 칭찬할 때는 마음을 담아서 구체적으로!

아이를 칭찬하는 것은 좋은 일이다. 하지만 언제, 어디에서든 아무 때나 과장되게 칭찬하는 것은 역효과를 낳는다.

아이가 사소한 일로도 칭찬을 받으면 정작 칭찬받지 못했을 때에 무력감에 빠지기 쉽다. 또한 '너는 참 착한 아이야', '너의 정직한 면이 참 좋아' 등 사실과 다르게 과장되게 칭찬하면 아이는 '나는 남동생을 잘 괴롭히는데. 실제로 착한 아이가 아닌데', '거짓말한 적이 있는데. 나는 미움을 받아도 할 수 없어'라며 마음속으로 갈등하기 시작한다.

자녀를 칭찬할 때는 '어머, 벌써 숙제를 다했어? 진짜로? 깜짝 놀랐네. 스스로 정한 일을 잘 지키다니 엄마가 너무 기쁘다'라며 구체적으로, 적당한 빈도로, 마음을 담아서 '엄마는~'과 같이 엄마가 주어인 문장으로 칭찬해야 한다.

② 간접적인 칭찬이 보다 효과적이다

아이는 자기가 없는 곳에서 하는 부모의 말이 더 진실하다고 생각한다. 즉 직접적인 칭찬보다 간접적인 칭찬이 '성공의 씨앗'을 심는 효과가 크다는 의미다. 내가 자주 썼던 방법은 예를 들어 이렇다. 친정 엄마와 전화 통화를 할 때에 옆방에 있는 아들에게 들린다는 것을 알고 일부러 은근슬쩍 아들 자랑을 늘어놓는 것이다. 일시적인 방편 같지만 그래도 자녀의 자기긍정성을 높일 수 있다면 좋은 방법이 아닐까?

③ '사랑해', '좋아해'는 많이 말할수록 좋다

자녀에게 갈등을 초래하는 과도한 칭찬은 좋지 않지만, 애정 표현은 많이 하면 할수록 좋다.

'너는 참 솔직한 사람이다'라는 칭찬은 자녀에게 책임감을 느끼게 하지만, '엄마는 네가 참 좋아!'는 거짓말이 아닌 부모의 감정이기에 부담을 주지 않는다.

또한 여덟 살 정도까지는 사랑과 애정을 아낌없이 표현해 주자. 아홉 살부터도 등을 쓰다듬거나 어깨를 주무르는 등 적극적으로(물론 자녀가 싫어하지 않을 정도로만) 스킨십을 하는 게 좋다. 부모의 따스한 손길은 그것만으로도 자녀에게 '자신을 사랑하는 씨앗'이 된다.

④ 네 가지 감정을 솔직하게 표현하게 한다

남자아이를 불안에 떨게 하거나 슬프게 만드는 일은 얼마든지 많다. 누구나 한 살 한 살 나이를 먹다보면 좌절, 실패, 부끄러움 등 이런저런 일을 겪기 마련이다.

그러니 자녀가 우울해하거나 불평을 늘어놓을 때는 세세하게 따져 묻거나 설교를 늘어놓을 것이 아니라, '그랬구나. 참 힘들었겠다', '진짜 그건 좀 무섭다'라며 자녀의 감정을 공유한다. 그리고 시간을 두고 나중에 '어떻게 하면 좋을지 같이 생각해 볼까?'라고 말을 건넨다. 그러면 자녀에게 '슬퍼하거나 무서워해도 괜찮다'는 메시지가 전달된다.

슬픔은 힘든 일을 극복하는 힘이 된다. 두려움은 미래에 대한 불안에 대처할 수 있는 대응책이 된다. 분노는 '지금, 당장의' 위험을 피하거나 문제 해결에 도움이 된다. 기쁨은 삶의 양식이 된다.

이 네 가지 감정을 솔직하게 표현할 수 있도록 부모가 자녀를 잘 이끌어줘야 한다.

⑤ 부모도 솔직하게 네 가지 감정을 표현한다

자녀와 마찬가지로 부모도 네 가지 감정을 솔직하게 자녀 앞에서 표현하는 것이 중요하다. 예를 들어 "오늘 회사에서 실수를 했지 뭐니? 아, 정말이지 나 자신이 너무 실망스러웠단다. 그래도 어떤 때 실수를 하는지 알았으니까 다음부터는 조심할 거야"라며 슬픔과 실망의 기분을 솔직하게 표현하는 것이다. 이때 실수를 어떻게 활용하면 좋을지를 덧붙이면 금상첨화다.

분노의 경우는 "엄마는 지금 무척 화가 났단다. 왜냐하면 네가

거짓말을 했기 때문이야. 그러니 네가 엄마에게 사과했으면 좋겠어"라고 화난 감정을 자녀에게 전달하고 해결책을 말하는 것이다. 자녀를 엄하게 혼내야 할 때는 표정과 목소리를 바꾸고 자녀의 눈을 보면서 손을 잡고 혼내야 한다. 그러면 아이도 '나쁜 일을 당하면 화를 내도 되는구나. 그리고 사과하라고 말해도 되는구나' 하고 분노를 조절하는 방법을 배울 수 있다. 또한 손에서 느껴지는 따스함은 '혼났지만 그래도 나는 사랑받고 있다'는 감정의 씨앗이 된다.

⑥ 될 수 있으면 아이에게 웃는 얼굴을 보인다

가능하면 아이를 웃는 얼굴로 대해야 한다. 아이에게 웃는 얼굴을 보이면 '너의 존재를 흐뭇하게 바라보고 있다'는 메시지를 전달할 수 있다. 이는 '나는 존재하는 것만으로 의미 있다'는 '자신을 사랑하는 최고의 씨앗'이 된다.

⑦ 자신을 사랑하게 되는 '말의 씨앗'

일상에서 주고받는 대화를 통해서 남자아이의 잠재의식에 슬며시 '자신을 사랑하는 씨앗'을 심는다. 다음과 같은 말들이다.

"엄마랑 아빠는 료가 건강하게 자라주는 것만으로도 무척 행복하단다."

"유우를 엄마한테 오게 해달라고 얼마나 기도했는지 몰라."
"다카시가 태어났을 때 아빠가 얼마나 기뻤는지 눈물을 다 흘리셨단다."
"만약에 네가 다시 태어난다면 또 엄마랑 아빠의 아들이 되었으면 좋겠어."
"다이스케가 성공할 때도 좋지만 실패했을 때도 엄마는 너를 늘 사랑한단다."

자녀에게 부모는 세상에서 가장 큰 영향을 미치는, 마치 신과 같은 존재다. 그러니 자녀의 잠재의식에 '자신을 사랑하는 씨앗'을 되도록 많이 심어주길 바란다.

'자신을 사랑하는 씨앗'을 키우는 "만약에?"라는 질문

"만약에?"로 시작하는 질문은 아이의 잠재의식을 자극할 수 있다. 또한 부모와 자식이 이런저런 대화를 나눔으로써 유대감이 깊어진다. 자, "만약에?"라는 질문을 통해서 남자아이의 잠재의식에 슬며시 '자신을 사랑하는 씨앗'을 심어보자.

1. 만약에 당신의 얼굴이나 몸 어딘가 한 곳을 바꿀 수 있다면, 어디를 어떻게 바꾸고 싶은가?

2\. 만약에 당신이 죽기 전에 누군가 한 명에게만 뭔가를 전할 수 있다면, 누구에게 뭐라고 말하고 싶은가?

1. 만약에 당신의 얼굴이나 몸 어딘가 한 곳을 바꿀 수 있다면, 어디를 어떻게 바꾸고 싶은가?

이 질문은 자녀의 신체적 콤플렉스를 아는 데 도움이 된다. 만일 아이가 대답하기 어려워한다면 "음, 엄마는 코가 조금만 더 높았으면 좋겠어"라고 부모가 먼저 대답한다. 혹은 자녀가 "나는 다 바꾸고 싶어요!"라고 말한다면 "뭐? 정말? 의외네! 엄마는 겐타의 얼굴이 참 좋은데. 보고만 있어도 기분이 좋아지는 귀여운 얼굴이거든" 같은 마음을 담은 말로 대답한다.

이 "만약에?"라는 질문은 아이의 상상력과 사고력을 높일 뿐만 아니라, 부모와 자식의 관계를 더욱 돈독하게 만들 수 있다. 부모가 "그럼 어디 한번 해볼까?" 하고 각오할 필요 없이 자녀와 함께 즐기면서 답을 찾으면 더욱 효과적이다. 또한 부모는 모범 답안을 생각할 필요가 없다. 솔직하게 자신의 콤플렉스에 대해서 이야기하는 편이 자녀도 안심하고 자신의 속마음을 말할 수 있다.

또한 자녀가 어떤 대답을 내놓더라도 절대로 꾸짖거나 설교를 늘어놓아서는 안 된다. 그래야 자녀가 속마음을 편하게 털어놓을 수 있다. 부모는 자녀의 대답에 놀라거나 웃는 등 있는 그대로 받아들여 준다.

2. 만약에 당신이 죽기 전에 누군가 한 명에게만 뭔가를 전할 수 있다면, 누구에게 뭐라고 말하고 싶은가?

이 질문을 통해서는 자녀의 잠재적인 인생관이나 인간관계를 엿볼 수 있다. 이와 동시에 부모의 대답을 통해 자녀는 '자신을 사랑하는 씨앗'을 심을 수 있다. 따라서 부모의 입장에서는 예를 들어 "아빠는 틀림없이 다케시에게 사랑한다고 말할 거야"라고 말하면 좋다.

그런데 만일 자녀가 "하지만 내가 죽을 때는 엄마도 아빠도 없겠죠?" 같은 심각한 질문을 던진다면 "그래도 천국에서 듣고 있을 거야. 그리고 다케시도 지금의 아빠처럼 새로운 가족이 옆에 있을지도 몰라"라는 식으로 상상력의 폭을 넓혀주는 게 좋다.

부모의 무한한 사랑이야말로 '자신을 사랑하는 최고의 씨앗'이 된다

자녀의 자기긍정성을 높이려면 부모가 '너는 존재하는 것만으로도 가치 있는 사람이다'라는 '성공의 씨앗'을 확실하게 잠재의식에 심어주는 것이 가장 중요하다. 단, '너는 나에게 도움이 되니까 가치 있다'는 '실패의 씨앗'이 되지 않도록 주의해야 한다.

의사인 기요후미(30세) 씨의 어머니 역시 치과 의사다. 그녀는 어렸을 때부터 '아빠 병원을 물려받아야 한다'는 친정엄마의 강요에 엄청난 양의 공부를 해야 했다. 하지만 유감스럽게도 그녀는 재수를 세 번이나 한 끝에 겨우 의대에 합격했고, 선택의 여지없이 치대로 진학할 수밖에 없었던 씁쓸한 과거가 있다.

그래서 외아들인 기요후미 씨를 '나처럼 좌절감을 맛보게 하고 싶지 않아. 꼭 한 번에 의대에 합격시키고 말 거야'라고 생각하며 필사적으로 키웠다. 그 덕분에 기요후미 씨는 단번에 의대에 합격할 수 있었다. 하지만 순조로워 보였던 그는 수련의(doctor-in-training) 과정을 받던 도중 과민성 대장염과 우울증이 동시에 발병해 1년 동안 휴직을 해야 했다. 이후 가까스로 복귀해 대학병원 내과에서 근무하게 되었지만 이번에는 위궤양에 걸리고 말았다.

기요후미 씨는 나에게 심리 치료를 받으며 자신의 내면에 깔려 있던 '엄마의 꿈을 이뤄주는 것이 자신이 존재하는 의미다'라는 '실패의 씨앗'을 발견했다. 나는 기요후미 씨에게 지금의 솔직한 마음과 기분을 어머니에게 전달하는 것이 좋겠다고 조언했다. 그는 집으로 돌아가 어머니와 진지한 대화를 나눴다. 그제야 엄마가 자신을 얼마나 사랑하는지 알게 되었고, "뭐든지 네가 원하는 일을 하라"는 말을 듣고 뜨거운 눈물을 흘릴 수 있었다.

이후 기요후미 씨는 자신이 진정으로 하고 싶은 일이 무엇인지를 찾기 시작했다. 그리고 최종적으로 자신의 경험을 활용할 수 있는 정신과 의사가 되기로 마음먹었고, 이후 몸도 완쾌되었다.

기요후미 씨의 어머니처럼 겉으로는 자녀의 성공을 바라는 것 같이 보여도 실은 자신을 위해서 심은 씨앗(실패의 씨앗)은 자녀의 잠재의식에 보다 깊숙이 침투하는 법이다. 덧붙이자면 기요후미 씨의 사례에서 알 수 있듯이 의외로 '실패의 씨앗'을 부모에게 물려받는 경우가 많다.

그렇다. '실패의 씨앗'은 세대를 넘어 연쇄적으로 심겨지기도 한다. 반대로 말해 이 점을 조심한다면 언제든지, 설령 어른이 되었어도 '성공의 씨앗'을 다시 심을 수 있다는 의미다.

중요한 것은 부모가 자녀의 존재를 인정하고 사랑하고 있음을 명확하게 전달하는 것이다.

자녀의 몸과 마음을 지키기 위해서 꾸짖거나 혼낼 필요가 있을 때는 엄히 다스리고, 반대로 애정을 표현해야 할 때는 무조건적인 부모의 사랑을 말과 행동으로 전달해야 한다. 부모의 무한한 사랑을 피부로 느끼는 것이야말로 자녀에게는 '자신을 사랑하는 최고의 씨앗'이 된다.

“

최근 들어 일본에서도 학력 편차치 교육의 문제점이 논의되고 있지만,
여전히 편차치가 높은 대학을 나온 사람이 높은 연봉을 받고
사회적으로 지위가 높은 직업을 갖는 것이 현실이다.
현시점에서 부모인 우리가 최우선시해야 할 것은
자녀가 성공하기 위한 선택지를 되도록 많이 만들어주는 것이다.
편차치 교육에 관한 논의는 전문가에게 맡기고,
일단 부모는 자녀가 장래에 어떤 직업이든 선택할 수 있도록
선택의 폭과 가능성을 높이는 '학력 증진의 씨앗'을 심어주어야 한다.

”

성공의 씨앗 2

남자아이의 잠재의식에 슬며시 '학력 증진의 씨앗'을 심는다

절대 심어서는 안 되는 '실패의 씨앗'

앞으로 우리 아이들이 살아갈 시대에 필요한 '성공의 씨앗' 중 남자아이에게 필요한 것으로 '경쟁력'을 꼽을 수 있다. '서로 손잡고 옆으로 서는 것'은 유치원생까지다. 여전히 우리가 사는 사회에서는 고학력이 유리한 위치를 선점하는 것이 현실이다.

아이가 너무나도 사랑스러운 나머지 싫은 소리 한 번 하지 않고 이상론(理想論)만 추구하다 보면, 아이를 냉혹한 현실의 벽에 부딪혀 좌절하고 마는 어른으로 만들 수 있다. 그렇다고 닥치는 대로 공부만 시킨다고 해서 고학력을 딸 수 있는 것도 아니다.

여기서는 부모의 어떤 언행이 자녀의 학력을 높이는 데 '실패의 씨앗'이 되는지를 소개한다.

① 아이에게 공부하라고 잔소리하면서 부모는 텔레비전이나 스마트폰만 본다

켄의 엄마는 켄이 장래에 보람을 느끼며 일할 수 있는 직업을 갖길 바란다. 그래서 본인은 텔레비전을 시청하거나 스마트폰을 들여다보면서도 켄에게는 "공부해!"라고 엄하게 잔소리할 때가 많다.

→ 입으로는 '공부가 제일 중요하다'고 가르치면서 정작 부모가 텔레비전이나 스마트폰에 열중하면 자녀의 잠재의식에 '공부보다 하고 싶은 것을 편히 하는 편이 낫다'는 '실패의 씨앗'을 심게 된다. 이런 환경에서 자란 아이는 어른이 되어서도 해야 할 일을 뒤로 미루거나 목표를 달성하지 못하고 후회하는 악순환에 빠지고 만다.

② '왜 공부해야 해요?'라는 자녀의 질문에 대답하지 못한다

"어서 공부해"라는 엄마의 말에 도오루가 "왜 공부해야 돼요?"라고 물으면 엄마는 "아이는 공부하는 게 일이야. 말대꾸하지 말고 얼른 공부해!"라고 다그칠 뿐이다.

→ 아이라면 누구나 한번쯤 던지는 질문이다. 그런데 이 질문에 대한 부모의 답을 납득하지 못하면 아이의 잠재의식에는 '공부해야 할 이유가 없다'는 '실패의 씨앗'이 심긴다. 그리고 이런 아이는 커서 자기 자식에게도 공부를 강요하고 정작 본인은 게을리 행동하는 부모가 될 가능성이 높다.

③ 공부의 질보다 양과 시간에 집착한다

마사토는 매일 두 시간씩 산수 문제를 풀기로 엄마와 약속했다. 그래서 친구들과 많이 놀아서 피곤하거나 학원에서 늦게 귀가해도 밤 12시까지 무조건 공부를 하고 잔다.

→ 부모가 공부의 질보다 양, 즉 시간에 집착해 아이에게 강요하면 '결과와 상관없이 노력하는 것이 중요하다'는 '실패의 씨앗'을 심게 된다. 이런 아이는 어른이 되어서도 그저 노력만 할 뿐, 만족할 만한 결과를 얻지 못하는 비효율적인 삶을 택하고 만다. 게다가 자녀에게 잠잘 시간까지 줄어가며 공부하도록 강요하면 '건강보다 일을 우선시해야 한다'는 '실패의 씨앗'을 심게 되니 주의해야 한다.

④ 오로지 편차치만 올리는 공부를 시킨다

신의 엄마는 항상 "일단 국어랑 산수 성적이 중요해. 체육이나 미술, 음악 성적은 중간 정도면 되니까 국어랑 산수에 신경 쓰자"라고 말한다. 그래서 신은 매일 국어와 산수 문제집을 꼼꼼히 푼다.

› 입시에 필요한 과목이라는 이유로 그 과목만 집중적으로 공부시키면 결과적으로 응용력이나 융통성이 떨어지는 어른이 되기 쉽다. 또한 도쿄 대학을 비롯해 상위 1퍼센트 대학과 해외 명문 대학 등에서 응용력과 창의력을 요구하는 시험에 대비하지 못하는 위험성도 높아진다.

초등학생 때부터 몸과 마음을 두루 쓰는 활동을 해야 한다. 운동과 독서, 여행, 캠프 등 자녀의 호기심과 집중력을 길러주는 편이 학력 증진에 훨씬 더 큰 도움이 된다.

⑤ 부모 자신의 인생을 설욕하는 데 자녀를 이용한다

도시히코의 엄마는 남편에 대한 복수심으로 가득하다. 남편이 다른 여자와 바람이 나서 처자식을 버리고 떠났기 때문이다. 그래서 도시히코가 국립대학이나 유명 사립대에 들어갔으면 하는 바람에 학원비와 교육비를 벌기 위해 아침부터 밤늦게까지 열심히 일한다.

› 도시히코의 엄마는 본인이 경험한 굴욕과 원한을 자녀의 인생을 통해서 복수하려는 타입이다. 부모는 자녀의 행복을 위해

서라고 하지만 실제로 자녀의 인생을 저당 잡는 꼴이다.

아이는 부모의 희생과 열의에 부응하고자 필사적으로 노력하지만 마음속에 '남들보다 뛰어나고 자랑스러운 아들이 되는 것이 자신이 존재하는 의미다'라는 '실패의 씨앗'이 자란다. 그러면 어느 순간 갑작스런 허탈감과 무력감에 사로잡히거나 건강상의 문제가 생기도 한다.

⑥ '아이가 무리하거나 경쟁하게 만들고 싶지 않다'며 응석을 받아준다

고이치의 엄마는 편차치 교육에 비판적이다. 아이에게 무리한 경쟁을 강요하면 스트레스가 쌓이거나 성격이 비뚤어질 수 있다고 생각하기 때문이다. 그래서 항상 고이치에게 "공부든 운동이든 무리하지 않아도 돼. 너는 지금도 충분히 착한 아이란다"라고 강조한다.

→ 자녀에게 스트레스가 될 법한 모든 것을 배제하는 육아법은 아이를 장래에 스트레스를 잘 견디지 못하는 어른으로 키울 수 있다.

또한 노력하는 끈기와 집중력을 기르지 못해 이상과 현실 사이의 격차에 힘들어할 수도 있다. 자녀에게 이런 '실패의 씨앗'을 심으면 여유 세대(ゆとり世代, 1987~1996년에 태어나고 자란 세대를 일컫는 신조어로 이 세대는 교육 시간과 교과 내용이 대폭 줄어들고 교과 외 시간으로 여유 시간이 도입된 유토리 교육을 받았다 - 옮긴이)와 득도 세대(さとり世代, 1980년대 후반부터 1990년대에 태어나 돈벌이는 물론 출세에도 욕심이 없는 젊은이들을 일컫는 신조어 - 옮긴이)의 특징이라 할 수 있는 무력함 때문에 야심도 없고 협력심도 없는 무미건조한 어른으로 자랄 가능성이 높다.

⑦ 부모가 책을 읽지 않는다

히데키 집의 책장에는 만화책과 잡지가 대부분이다. 왜냐하면 엄마, 아빠가 글이 많은 책보다 만화책이나 잡지를 좋아하기 때문이다.

› 부모에게 책 읽는 습관이 없고 책장에 만화와 잡지만 많으면, 당연히 '책은 재미없다. 읽는다면 만화책이 좋다'는 '실패의

씨앗'을 심게 된다.

독서 습관이 없는 아이는 언어 능력, 상상력, 사고력, 공감 능력은 물론, 성공하는 데 필요한 전반적인 능력이 낮아 책을 많이 읽는 아이에 비해 학습 능력이 떨어진다는 사실이 입증되고 있다.

부모 자신이 배움의 즐거움을 모르거나 자녀에게 공부를 시키는 의미를 잘못 인식하고 있으면, 아이도 마찬가지로 공부해야 하는 의미를 깨닫지 못한다. 공부의 매력이나 의미를 깨닫지 못하면 아이는 공부를 기피하기 마련이다. '공부하면 좋은 점이 있다. 그러니 알고 싶다. 익히고 싶다'는 생각이 들게 해야 아이는 공부를 고통으로 받아들이지 않는다.

부모가 백날 입으로 '공부가 중요하다'고 말해봤자 아무 소용없다. 부모 자신이 책도 읽지 않고 새로운 것도 배우려 하지 않고 스마트폰이나 텔레비전을 보거나 전화통만 붙잡고 있으면, 아이는 그것이 부모의 본심이라고 생각할 수밖에 없다.

아이는 부모가 하는 말보다 부모의 행동을 통해서 더 많은 것을 배운다.

이 점을 절대로 잊지 말기 바란다.

일곱 가지 '학력 증진의 씨앗'

나는 어렸을 때 글자와 숫자를 떼는 데 무척 애를 먹었다. 지금 생각해 보면 학습 장애였는지도 모른다. 하지만 다행히도 부모님이 책을 무척 좋아하셔서 나도 아기 때부터 책을 가까이 두고 살 수 있었다. 그 덕분에 책 읽는 습관이 자연스럽게 몸에 배어 글과 숫자를 못 읽는 장애를 극복하는 데 큰 힘이 되었다.

여기서는 부모가 자녀에게 줄 수 있는 효과적인 '학력 증진의 씨앗'을 소개하고자 한다.

① 이유 불문하고 책을 좋아하게 만든다

만일 자녀가 책을 좋아할 수 있게 한다면, 이는 '학력 증진의 씨앗' 중에서도 가장 값진 씨앗을 심는 것이다. 왜냐하면 국어를 포함해 모든 과목의 기본은 글을 읽고, 이해하고, 생각하고, 익히는 것이기 때문이다.

자녀가 책을 좋아하도록 만드는 제일 좋은 방법은 아기 때부터 부모가 그림책을 읽어주는 것이다. 그림책에서 아동서, 소설로 자녀의 개월 수에 맞게 책을 바꿔가면서 읽어줘야 한다. 또한 부모가 집안일을 할 때는 "이것 좀 읽어줄래?"라며 자녀에게 부탁해서 책을 낭독하게 하는 것도 좋다. 그러면 부모와 자녀가 함께 책을 즐길 수 있고, 아이는 스스로 책을 읽는 것만이 아니라 다른 사람에게 책을 읽어주는 기쁨까지 맛볼 수 있다.

② 공부하면 어떤 장점이 있는지 사회적 진실을 가르친다

공부를 하면 어떤 장점이 있고 공부를 하지 않으면 어떤 단점이 있는지 알면, 아이는 스스로 공부하게 된다.

가장 효과적인 방법은 텔레비전이나 드라마, 애니메이션을 시청할 때 "역시 좋은 대학을 나온 사람은 눈도 초롱초롱한 게 명석해 보이는구나", "이래저래도 역시 학력이 높은 사람이 이득이구나. 가능성이 넓잖아"처럼 자신이 느낀 감정을 말하는 것이다. 그러면 아이는 그것이 부모의 속마음이라는 것을 알고, 슬며시 아이의 잠재의식으로 흘러들어간다.

또한 직접적으로 '공부는 중요하다'고 말하는 것보다 우화나 옛날이야기 등을 들려주는 편이 훨씬 아이의 잠재의식을 자극하기 쉽다. 예를 들어 이솝우화의 『개미와 베짱이』 등을 추천한다.

③ 여러 번 휴식을 취하게 해서 전체적인 공부 시간을 짧게 한다

'학력 증진의 씨앗'을 심기 위해서 공부는 필수적이다. 하지만 공부에는 요령이 있다. 무조건 오래 공부한다고 좋은 것이 아니다. 아이가 집중할 수 있는 시간에는 한계가 있다. 초등학교 고학년이라도 15분에 한 번씩은 휴식을 취하게 해야 집중력이 좋아진다.

또한 전체적인 공부 시간도 되도록 짧게 잡는 편이 좋다. 초등학교 1학년이라면 하루에 15분, 2학년이라면 20분, 3학년이라면 30분 정도면 충분하다. 정해진 분량을 집중해서 공부하는 것을 습관

화해야 한다는 점이 포인트다. 또한 오답을 냈다며 오랫동안 책상에 앉아 있게 해서 공부에 질리게 만들어서는 안 된다.

④ 피그말리온 효과를 이용한다

'피그말리온 효과'란 긍정적으로 기대하거나 예측하는 바가 그대로 실현되는 경향을 말한다. 단, "너는 하면 할 수 있어", "너라면 꼭 ○○대학에 합격할 수 있어" 같은 너무 노골적인 기대감을 드러내면 자녀에게 큰 부담이 된다.

따라서 '우리 애는 반드시 자기가 하고 싶은 일을 찾아내고 자기다운 인생을 보내기 위해서 지금보다 더 많은 능력을 발휘할 수 있다'고 믿자. 이런 생각은 꼭 말로 표현하지 않아도 부모의 태도나 표정으로 드러나기 마련이다. 그리고 이는 아이의 '학력 증진의 씨앗'이 된다.

⑤ 부모 자신이 목표를 갖고 공부한다

자녀에게 '학력 증진의 씨앗'을 심고 싶다면 우선 부모가 목표를 세우고 그 목표를 달성하기 위해서 열심히 공부하는 모습을 보이는 것이 좋다. 이는 아이에게 '인생의 목표를 세우고 공부하는 것은 당연한 일이다. 그리고 그것은 즐거운 일이다'라는 '성공의 씨앗'이 된다.

⑥ 자녀의 특성에 맞는 공부법을 선택한다

일단 자녀가 귀로 들어오는 정보를 잘 익히는 청각파인지, 눈으로 들어오는 정보를 잘 익히는 시각파인지, 감각으로 느끼는 정보를 잘 익히는 신체 감각파인지를 알아야 한다. 왜냐하면 아이의 특성에 맞는 공부법을 선택하면 그 효과가 훨씬 높아지기 때문이다.

청각파라면 음독과 청취 방법을 활용해서 암기를 시킨다. 시각파라면 책을 읽히거나 책에 중요한 부분을 다양한 색으로 표시해서 일목요연하게 정리하는 방법으로 암기력을 높인다. 또한 눈에 잘 띄는 곳에 목표를 적은 종이를 붙여 놓는 것도 좋다. 신체 감각파라면 몸을 움직이면서 암기하는 방법을 활용한다. 자녀가 좋아하는 향기나 아로마를 방에 두는 것도 좋다. 당신의 자녀는 어떤 특성이 있는 아이인지 잘 관찰해 보자.

⑦ 학력을 증진시키는 '말의 씨앗'

일상에서 주고받는 대화를 통해서 남자아이의 잠재의식에 슬며시 '학력 증진의 씨앗'을 심는다. 다음과 같은 말들이다.

"누가 뭐래도 대학을 나온 사람이 유리해."

"하… 적어도 1년 전부터 영어 공부를 했더라면 좋았을 텐데. 그랬으면 지금쯤 조금이라도 영어로 말할 수 있을 텐데."

"만일 아빠가 네 나이로 돌아갈 수만 있다면 아빠는 공부를 좀 더 열심히 할 거야. 왜냐하면 지금보다 어렸을 때가 머리가 유연해서 암기력도 좋고 쉽게 잊어버리지 않거든."

장래에 자녀를 공부 잘하는 아이로 키우는 가장 효과적인 방법은 '독서'뿐이다. 독서의 장점은 학력을 증진시킬 뿐만 아니라, 수많은 사람들의 인생과 생각, 가치관, 진심 등을 배울 수 있다는 것이다. 책에는 아이가 인생을 살아가는 데 필요한 힌트, 그리고 행복한 인생을 만드는 수많은 힌트가 담겨 있다.

'학력 증진의 씨앗'을 키우는 "만약에?"라는 질문

"만약에?"로 시작하는 질문은 아이의 잠재의식을 자극할 수 있다. 또한 부모와 자식이 이런저런 대화를 나눔으로써 유대감을 높일 수 있다.

자, "만약에?"라는 질문을 통해서 남자아이의 잠재의식에 슬며시 '학력 증진의 씨앗'을 심어보자.

1. 만약에 당신이 지금부터 딱 1년 동안만 시험 전날에 정답을 몰래 알 수 있다면 알고 싶은가?

2. 만약에 당신이라면 지금부터 3년 동안 전혀 공부를 할 수 없는 것과 매일 세 시간씩 반드시 공부를 해야 하는 것 중에서 어느 쪽을 선택할 것인가?

1. 만약에 당신이 지금부터 딱 1년 동안만 시험 전날에 정답을 몰래 알 수 있다면 알고 싶은가?

아이라면 누구나 바라는 상황이다. 아이의 연령에 따라서 어디까지의 미래를 생각할지는 다르겠지만, 아이에게 '자발적으로 공부하고 싶다'는 마음이 생기도록 하는 것이 중요하다.

따라서 가령 자녀가 "당연히 알고 싶어요"라고 답한다면 "그렇지? 아빠도 어렸을 때는 몇 번이나 그렇게 해달라고 기도했단다. 하지만 지금은 싫어. 왜냐하면 1년 후에 갑자기 시험 점수가 나빠지면 그게 더 창피하니까"라며 자녀가 자발적으로 공부하도록 이끈다. 포인트는 직접적으로 가르치는 것이 아니라, 부모 자신의 실제 감정을 담아서 이야기는 데 있다.

2. 만약에 당신이라면 지금부터 3년 동안 전혀 공부를 할 수 없는 것과 매일 세 시간씩 반드시 공부를 해야 하는 것 중에서 어느 쪽을

선택할 것인가?

아이에게는 답하기 어려운 질문이다. 만약에 자녀가 "매일 세 시간씩은 힘들어요. 그러니 공부 못하는 쪽이 당연히 나아요"라고 대답한다면 "그래 맞아. 매일 세 시간은 힘들지. 엄마도 너와 같은 선택을 할 거야. 그런데 그러고 나면 3년 후에는 또래 친구들을 따라잡을 수 없을 텐데… 아 맞다! 그때는 세 살 어린 동생들이 있는 반에 들어가면 되겠다. 아마 젊어진 기분이 들겠지?" 같은 농담을 섞어가며 부모의 속마음을 이야기해준다.

또는 "힘들겠지만 세 시간씩 공부하면 실력이 좋아질 테니 그 다음 3년 동안은 편할지도 몰라", "3년 동안이나 공부를 할 수 없다면 차라리 공부를 아예 안 해도 되는 직업을 갖는 건 어떨까? 3년 동안 그 직업에 필요한 능력을 갈고 닦는 거지"처럼 인생에는 여러 선택지가 있다는 점을 알려주는 것도 자녀에게는 '성공의 씨앗'이 된다.

'학력 증진의 씨앗'이 인생의 가능성과 선택지를 넓힌다

앞에서 이야기했듯이 편차치 교육은 많은 문제점을 초래한다. 하지만 여전히 고학력자가 높은 수입과 사회적으로 높은 지위의 직업을 갖게 되는 것이 사실이다. 대학 진학만이 성공으로 가는 길은 아니지만, 젊었을 때 창업에 성공하거나 특수한 재능으로 먹고 살 수 있는 사람은 소수에 불과하다. 현재 대부분의 사람들이 대학에 진학하는 것처럼 보이는 일본도 실제 대학 진학률은 50퍼센트 정도밖에 안 된다. 절반 정도는 대졸 자격 없이 사회로 나간다는 뜻이다.

일본 후생노동성의 조사에 따르면 대졸자와 고졸자의 첫 임금 격차는 약 4만 5천 엔, 생애 연봉은 4천만 엔 이상이라고 한다. 돈이 인생의 전부는 아니지만 생활수준에서 상당한 차이를 보이는 것이 현실이다. 또한 돈만이 아니라 학력에 따른 차별도 심하고, 무엇보다 본인이 떠안게 되는 열등감은 이치나 논리로 극복하기 상당히 힘들다. 특히 남자의 경우 학력에 따른 차별과 그 격차로 인해 받게 되는 굴욕은 더욱 크다.

그러니 아들을 둔 부모라면 당연히 '평생 그런 경험을 하면서 살게 할 바에는 어느 대학이라도 좋으니 대학 졸업장을 손에 쥐어 주는 편이 낫다'고 생각하기 마련이다. 게다가 남들보다 나은 멋진 인생을 갖게 하고 싶다면 당연히 일류 대학이 더 유리하지 않겠는가? 그래서 요즘은 초일류 대학을 나와서 일류 기업에 취직하거나 고위 공무원이 되거나, 사회적으로 지위가 높은 자격증을 취득하는 학부에 들어가거나, 아니면 외국의 유명 대학을 목표로 삼는 선택을 한다.

자, 여기서 진심을 담은 조언을 하나 하겠다. 자녀에게 '사회적 지위가 높은 자격증'을 목표로 삼도록 할 것을 적극 추천한다. 어차피 공부를 많이 시킬 것이라면 평생 먹고살 수 있는 자격증을 따게 해서 가능하면 일의 보람도 느끼고 사람들의 존경을 받는 직업을 갖게 하는 것이 제일 좋기 때문이다. 또는 의사나 변호사, 회계사, 고위 공무원 등이 된 후에 저축을 해서 자신이 진심으로 하고 싶은 일을 목표로 삼게 하는 방법도 있다.

되든 안 되든 승부수를 띄우는 용기도 필요하지만, 우선 자신의 능력을 잘 다져두면 승리할 확률도 훨씬 높아진다. 실제로 내 경우에 딸은 의사, 아들은 수의사인데 둘 다 일을 하며 더 큰 자아실현을 위해 인생을 즐기면서 열심히 살고 있다. 둘은 내게 "입시와 재수 생활은 무척 힘들었지만 전혀 후회하지 않는다"고 말한다.

자녀에게 '학력 증진의 씨앗'을 심는 것은 인생의 가능성과 선택지를 넓히는 것은 물론, 자신감과 안정감 그리고 보람된 삶의 씨앗을 심는 것과 같다.

뭐든지 상관없다. 할 수 있는 것부터 시작하자. 자녀에게 '학력 증진의 씨앗'을 심어주자.

“

인간이 느끼는 고민의 90퍼센트 이상이 인간관계에서 비롯된다고 한다.
실제로 내 고객들이 털어놓는 고민의 대부분 역시 인간관계다.
어른도 이런데 하물며 인생 경험이 적은 아이는 어떻겠는가?
아이들의 세계는 어른 세계의 축소판이기도 하다.
따라서 어렸을 때 '사람을 잘 사귀는 씨앗'을 심어두면
자연스럽게 타인과 협력하며 사는 삶의 방식을 택하게 될 것이다.

”

성공의 씨앗 3

남자아이의 잠재의식에 슬며시 '사람을 잘 사귀는 씨앗'을 심는다

절대 심어서는 안 되는 '실패의 씨앗'

따돌림, 등교 거부, 아동 자살… 최근 들어 이런 뉴스를 자주 접하게 되는데, 그 원인 중 하나로 커뮤니케이션 능력의 결여를 들 수 있다. 여기서는 아이들을 '커뮤니케이션 장애'에 빠뜨리는 '실패의 씨앗'을 소개한다.

① 부모가 자녀의 욕구를 먼저 알아내어 움직인다

야스히로의 엄마는 무엇보다 아들의 행복을 우선시한다. 그래서 야스히로가 어떤 기분인지, 무엇을 갖고 싶어 하는지 재빨리 알아내어 마음에 상처가 되지 않도록, 슬퍼하지 않도록, 부끄러워하지 않도록 세심한 주의를 기울인다.

→ 자녀에 대한 지나친 사랑으로 부모가 자녀의 감정이나 욕구

를 먼저 알아내어 반응하면 '나는 아무것도 느낄 필요가 없다. 굳이 뭔가를 갖고 싶어 할 필요도 없다'는 '실패의 씨앗'을 심게 된다.

이런 아이는 커서 사회로 나갔을 때 일이 자기 뜻대로 되지 않으면 '왜 내 기분을 몰라주지?'라며 본인의 감정만 앞세우는 피해망상적인 인간이 되거나, 갖고 싶은 물건을 손에 넣지 못하면 금세 불편한 심기를 드러내는 인간이 될 수 있다.

② 부모가 서로에 대한 험담이나 남에 대한 험담을 자녀에게 들려준다

마사토의 아빠는 마사토에게 "네 엄마는 늘 안절부절 히스테릭하단 말이야"라고 말한다. 마사토의 엄마 역시 "정말이지 네 아빠는 자기 멋대로야"라고 말한다. 게다가 가끔씩 엄마는 전화통을 붙잡고 친한 친구에게 마사토 친구의 엄마들 험담을 늘어놓는다.

→ 부모가 자녀 앞에서 서로에 대한 험담을 늘어놓거나 다른 사람을 자주 비판하면 아이는 잠재의식에 '다른 사람은 절대 믿을 수 없다. 그러니 너무 가까이 지내지 않는 편이 낫다'는 '실패의 씨앗'을 심게 된다.

그러면 아이는 커서 친구나 애인을 마음속 깊이 신뢰하지 못하거나, 무의식적으로 미움을 살 만한 언행을 해서 스스로 고립된 삶을 자처할 수도 있다.

③ '청결하게, 올바르게, 아름답게'라며 좋은 것만 보여주고 나쁜 것은 가르치지 않는다

루이의 부모는 늘 '모든 사람은 애정을 갖고 서로 도와야 한다. 거짓말을 하거나 불성실한 행동을 해서는 안 된다'고 가르친다.

→ 부모가 '청결하게, 올바르게, 아름답게'라는 생각에 좋은 것만 보여주고 이상론만 추구하면, 아이의 잠재의식에 '항상 착한 마음을 갖고 올바르게 행동해야 한다. 그러지 않으면 몹쓸 인간이다'라는 '실패의 씨앗'을 심게 된다.

우리는 매순간 성인군자처럼 살 수 없다. 또한 우리가 사는 사회에는 수많은 이면이 존재한다. 그래서 좋은 면만 보고 자란 아이는 어른이 되어서도 사회의 불합리한 이면을 받아들이지

못하고 사회 부적응자로 전락할 가능성이 있다.

④ '아이니까'라며 폭력을 눈감아준다

다쿠야는 응석받이다. 그래서 떼를 쓰거나 조를 때 늘 "바보, 바보, 바보!" 라고 외치며 엄마의 등과 배를 내리친다. 그러면 다쿠야의 엄마는 엄하게 혼내기는커녕 "그러면 안 돼지?"라고 타이를 뿐이다.

→ 부모가 '어린아이의 응석에 불과하다'라며 폭력에 관용적인 태도를 보이면, 아이의 잠재의식에 '뜻대로 되지 않거나 화가 날 때는 약간의 폭력을 휘둘러도 괜찮다'는 '실패의 씨앗'을 심게 된다.

이런 아이는 커서도 자기보다 약한 이에게 폭력을 휘두르거나 기분을 잘 맞춰주는 애인에게 쉽게 화를 낼 위험성이 있다.

⑤ 친구들과 노는 시간보다 공부나 학원을 우선시한다

가즈요시가 "엄마, 오늘은 친구들하고 놀기로 약속했어요. 약속했으니까 가도 되죠?"라고 물었다. 그러자 엄마는 "무슨 소리니? 숙제하기로 약속했잖아. 그리고 오늘은 영어 학원에 가는 날이야. 약속은 지켜야지?"라고 말했다. 결국 가즈요시는 오늘도 혼자만 친구들과의 약속을 지키지 못했다.

→ 부모가 자녀에게 친구와의 관계를 경시하거나 약속을 쉽게 깨뜨리게 하면 아이의 잠재의식에 '인간관계보다 내 일정과 계획을 우선시하는 편이 이득이다'라는 '실패의 씨앗'을 심게 된다.

이렇게 자녀의 교우 관계에 금이 가기 시작하면, 아이는 처음부터 친구들과 잘 어울리지 못하거나 친구들 사이에 끼지 못하게 된다.

⑥ 부모가 자녀에게 사과하지 않는다

하지메의 엄마는 하지메가 무언가 잘못을 하면 항상 "미안하다고 사과해야지?"라고 말한다. 하지만 정작 엄마는 잘못했거나 약속을 어겼을 때 단 한 번도 하지메에게 사과한 적이 없다.

→ 부모가 명백하게 잘못했거나 실수했을 때 자녀에게 사과하지 않고 오히려 정색하면 아이의 잠재의식에는 '틀렸을 때도 사과하지 않는 편이 이득이다. 강자는 사과하지 않아도 괜찮다'는 '실패의 씨앗'을 심게 된다.

실제로 우리는 어른이 되어서도 실수나 잘못을 저지른다. 틀리는 일도 너무나 많다. 그때마다 솔직하게 사과하지 않는 사람은 상사와 부하는 물론, 나아가 주변 사람들과 가족들에게 미움을 살 수 있다.

⑦ 자녀의 교우 관계를 제한한다

구니오의 아빠는 "친구는 소중하단다. 그러니 잘 선택해서 사귀어야 해"라고 항상 강조한다. 그러면서 구니오보다 성적이 나쁜 아이나 조금이라도 소문이 안 좋은 친구와는 절대 어울리지 못하게 한다.

→ 부모가 자녀의 교우관계에 지나치게 간섭하고 자유롭게 어울리지 못하게 하면 '다양한 인간과 사귀는 것은 귀찮은 일이다. 그럴 바에는 차라리 혼자 있는 편이 낫다'는 '실패의 씨앗'을 심게 된다.

이런 '실패의 씨앗'이 심기면 아이는 어른이 되어서도 별 이유 없이 주변에 적응하지 못하고 겉돌거나 그룹에 속해 있어도 불편해하는 등 다른 사람들과 친밀한 관계를 형성하지 못하는 인간이 되고 만다.

인간은 사회적 동물이라 혼자서는 살 수 없다. 또한 인간은 자신 이외의 사람과 친밀하면서도 따스한 온기를 나눌 때 비로소 마음속 깊이 진정한 행복을 느낀다. 아무리 일로 성공하거나 돈이 많아도 이런 인간관계가 없다면 행복하다고 말할 수 없다. 진정한 성공을 손에 넣었다고도 볼 수 없다.

자신도 모르는 사이에 자녀의 잠재의식에 심게 된 '사람을 못 사귀는 씨앗'은 고독한 인간을 낳을 수 있으니 주의해야 한다.

일곱 가지
'사람을 잘 사귀는 씨앗'

남들과 잘 어울리는 사람이란 단순히 팔방미인이거나 처세술에 능한 사람이 아니다. 상대방의 입장을 잘 이해하고 다른 사람의 기분에 공감하며, 이로 말미암아 스트레스를 받지 않는 사람이다. 그리고 남들과 즐겁게 어울리면서 서로 돕고 사는 사람을 가리킨다.

사회적으로 성공한 사람은 결코 혼자의 힘으로 성공한 것이 아니다. 누군가에게 기회를 얻거나 가르쳐주는 사람이 있기에 성공할 수 있는 것이다. 따라서 남자아이를 둔 부모라면 반드시 사람을 잘 사귀는 '성공의 씨앗'을 심어줘야 한다.

① 상대방의 감정이나 분위기를 읽는 훈련을 한다

커뮤니케이션 장애를 앓는 아이의 가장 큰 약점은 '분위기 파악을 못한다'는 점이다.

주변 분위기를 파악하려면 상대방의 표정과 기분을 관찰하는 능력이 필요하다. 가령 자녀와 대화를 나누는데, 자녀만 계속해서 말을 한다면 즉시 맞장구를 멈추거나 시선을 회피해서 본인만 말하고 있다는 것을 인지시켜 준다. 만일 이렇게 했는데도 아이가 알아차리지 못한다면 중간에 일부러 말을 끊는다. 경우에 따라서는 "엄마에게도 말할 기회를 줘야지? 안 그러면 엄마는 심심하잖아"라고 말한다.

또한 다양한 표정을 지으면서 "이건 어떤 기분일 때의 얼굴일까?"라며 퀴즈를 내거나 아이가 자신의 기분을 표현할 수 있도록 하면 '사람을 잘 사귀는 성공의 씨앗'을 심을 수 있다.

② 듣는 능력을 길러준다

남의 말을 듣지 않는 사람은 미움을 산다. 상대방의 이야기에 귀를 기울이는 것은 물론 '나는 당신의 이야기를 잘 듣고 있다'고 상대방이 알 수 있도록 표현하는 것도 중요하다.

따라서 자녀의 이야기를 들을 때는 흥미로운 표정을 짓거나 자녀의 감정에 공감하는 표정을 지으면서 들어준다. '진짜?', '그래?', '아~', '대단한데!', '역시!', '어머~' 등 다양하게 맞장구를 쳐주는 것이 좋다. 그러면 아이의 잠재의식에 '다른 사람의 이야기를 들을 때는 진심어린 마음으로 들어야 한다'는 '성공의 씨앗'을 심을 수 있다.

③ 말하는 능력을 길러준다

커뮤니케이션의 기본은 듣기와 말하기다. 그저 남의 이야기를 듣는 것만으로는 친밀한 사이로 발전할 수 없다. 당연히 말하는 능력도 필요하다.

또한 말하는 능력은 언어 능력이라서 앞에서 언급한 바와 같이 독서가 상당히 크게 작용한다. 실제로 다양한 어휘나 상황(T.P.O)에 맞게 말할 수 있느냐 없느냐는 독서, 부모의 언어 능력, 가족 간 대화의 양에 비례한다. 단, 부모가 한 발 앞서서 자녀의 기분을 대변하지 않도록 주의해야 한다.

④ 따돌림을 당하지 않고 친구도 따돌리지 않는 아이로 키운다

따돌림을 당하지 않고 친구도 따돌리지 않는 아이로 키우려면 '아니다(NO)'라고 말할 수 있는 용기를 길러줘야 한다. 싫은 일을 강요당했을 때 명확하게 '싫다'고 말할 수 있는 아이는 짓궂은 장난을 좋아하는 아이에게 다루기 힘든 상대다.

자녀를 '싫다'고 말할 수 있는 아이로 키우고 싶다면, 부모가 누군가의 과한 제의를 받았을 때 거짓말하지 않고 솔직하게 "미안하지만 저는 괜찮아요", "감사합니다만 제가 이번 달에는 하고

싫은 일이 따로 있어서 못할 것 같습니다"처럼 명확하게 거절하는 모습을 보여줘야 한다. 그러면 아이의 잠재의식에 '어쩔 수 없을 때는 거절해도 괜찮다'는 '성공의 씨앗'을 심을 수 있다.

⑤ 타인의 장점을 발견해서 칭찬하는 능력을 길러준다

타인의 단점이나 자신과의 차이점을 강하게 의식하는 사람은 쉽게 손해를 본다. 왜냐하면 자신과 다르다는 이유로 그 사람을 싫어하거나 회피하게 될 가능성이 높고, 그러면 상대방도 자신과 거리를 두기 십상이기 때문이다.

반대로 타인의 장점이나 자신과 닮은 점을 찾는 사람은 사랑을 베풀 수 있고, 자신 또한 사랑받을 수 있다. 칭찬을 잘하는 사람은 상대방의 호감을 살 수 있는 것이다.

그러니 자녀와 함께 이를테면 자녀의 친구들이나 텔레비전, 책에 나오는 등장인물의 장점을 번갈아 이야기하는 게임을 해보자. 이 방법은 의외로 상당한 효과를 얻을 수 있다.

⑥ 책이나 텔레비전을 통해서 공감 능력을 길러준다

자녀에게 공감 능력을 길러주고 싶다면 함께 책을 읽거나 텔레비전을 시청하면서 등장인물의 기분을 맞춰보는 방법을 추천한다.

"저 사람은 지금 어떤 기분일 것 같아? 엄마는…", "저 사람은 왜 그런 말을 했을까?"처럼 질문을 던지면서 이야기를 나누다 보면 아이의 잠재의식에 '공감 능력'이라는 강력한 '성공의 씨앗'을 심을 수 있다.

⑦ 사람을 잘 사귀는 '언어의 씨앗'

일상에서 주고받는 대화를 통해서 남자아이의 잠재의식에 슬며시 '사람을 잘 사귀는 씨앗'을 심는다.

"잘 잤니?", "잘 다녀와라." "잘 다녀왔니?", "잘 자렴."
"○○의 이런 점이 참 훌륭하구나."
"○○가 야구 시합에서 잘했으면 좋겠어."

높은 커뮤니케이션 능력은 직장은 물론, 가정에서도 우호적인 인간관계를 형성하는 데 기초가 된다. 이런 우호적인 인간관계는 남자아이의 인생을 풍요롭게 만들고 성공으로 이끄는 보물이다.

따라서 남자아이를 둔 부모라면 상대방의 입장과 기분을 헤아릴 줄 아는 능력, 그리고 자신의 기분을 전달할 수 있는 능력, 이 두 가지를 반드시 아이의 잠재의식에 심어주길 바란다.

'사람을 잘 사귀는 씨앗'을 키우는 "만약에?"라는 질문

"만약에?"로 시작하는 질문은 아이의 잠재의식을 자극할 수 있다. 또한 부모와 자식이 이런저런 대화를 나눔으로써 유대감이 깊어진다.

자, "만약에?"라는 질문을 통해서 남자아이의 잠재의식에 슬며시 '사람을 잘 사귀는 씨앗'을 심어보자.

1. 만약에 당신이라면 어른이 되어서 단란한 가정을 꾸릴 수는 없지만 엄청난 부자인 것과 사랑하는 가족과 함께 있지만 몹시 가난한 것 중 어느 쪽을 선택할 것인가?

2. 만약에 당신이 가족과 함께 등산을 하다가 조난을 당했다고 하자. 그리고 옆에는 처음 보는 세 명도 함께 있다. 언제 구조대가 올지 모르고 식량과 물도 없는 상황이다. 그런데 당신 가방에 초콜릿이 두 개 있다면 당신은 그것을 다른 사람에게도 나눠줄 것인가? 만일 그렇다면 어떻게 나눠줄 것인가?

1. 만약에 당신이라면 어른이 되어서 단란한 가정을 꾸릴 수는 없지만 엄청난 부자인 것과 사랑하는 가족과 함께 있지만 몹시 가난한 것 중 어느 쪽을 선택할 것인가?

돈과 사랑, 어느 쪽을 선택할지의 문제로 어른도 선뜻 답하기 어려운 질문이다. 이 질문에 대한 자녀의 답을 통해서 어쩌면 부모의 속내가 드러날 수도 있다. 아무리 부모가 "가족이 소중하다"고 말해도 속으로 '사랑하는 가족이 있어도 돈이 없으면 행복할 수 없다'고 생각한다면, 이런 생각이 부모의 행동에 미묘한 영향을 주어 자녀에게 고스란히 전해지기 때문이다.

만일 자녀가 진심으로 "부자가 되는 게 좋아요."라고 답한다면 "그렇지? 돈이 좋지? 근데 아빠라면 역시 아들이 있는 게 좋아"라고 말해주자.

2. 만약에 당신이 가족과 함께 등산을 하다가 조난을 당했다고 하자. 그리고 옆에는 처음 보는 세 명도 함께 있다. 언제 구조대가 올지 모르고 식량과 물도 없는 상황이다. 그런데 당신 가방에 초콜릿이 두 개 있다면 당신은 그것을 다른 사람에게도 나눠줄 것인가? 만일 그렇다면 어떻게 나눠줄 것인가?

이 질문에는 다양한 답이 나올 수 있다. 어쩌면 아이가 곧바로 대답하지 못할 수도 있으니 이럴 때는 일단 부모가 먼저 답을 하는 것도 좋다.

단, "그냥 우리 가족끼리 조용히 먹을 것 같아"라고 즉답하지 말고 "아… 너무 어렵네. 우리 가족끼리 먹고 싶지만 다른 사람들도 분명 누군가의 가족일 텐데… 그치?"처럼 다른 사람도 자신과 똑같이 소중한 존재라는 것을 넌지시 일러주면, 아이의 잠재의식에 공감 능력과 상상력을 키우는 '성공의 씨앗'을 심을 수 있다.

'커뮤니케이션 장애의 씨앗'은 세대를 넘나든다

'커뮤니케이션 장애'는 남성에게서 더욱 강하게 나타나는 경향이 있다. 남성들의 '커뮤니케이션 장애의 씨앗'은 대개 어린 시절에 심긴다. 그리고 다음과 같이 어린 시절에 겪은 문제는 어른이 되어서도 좀처럼 사라지지 않는다.

[어린 시절] → [어른이 되어서]

학교에 가기 싫다 → 회사에 가기 싫다

배가 아프니까 쉰다 → 속이 좋지 않으니까 쉰다

선생님이 무섭다 → 상사가 무섭다

○○가 괴롭힌다 → 대하기 힘든 사람이 있다

아무도 나랑 놀아주지 않는다 → 동료와 잘 지내지 못한다

친구랑 노는 것보다 혼자 게임하고 싶다

→ 애인을 사귀거나 결혼하지 못한다

친구랑 싸우기만 한다 → 아내와 원만하지 못하다

더욱 끔찍한 사실은 인간관계에서 비롯된 고민은 우리의 심신에 나쁜 영향을 미친다는 점이다. 아무리 일이 잘 풀려도 사내 인간관계로 고민이 생기면 회사에 가기 싫어진다. 또한 아내와 자녀가 있는 집에서 가장으로 설 자리를 잃게 되면 집에 들어가기 싫어지게 마련이다.

그렇다면 도대체 남자들이 쉴 수 있는 안식처는 어디에 있단 말인가? 부모님 집? 나이 지긋한 남자가 편히 쉴 수 있는 곳이 부모님 집이라면, 이 얼마나 한심한 일인가? 씁쓸하기 짝이 없다.

이런 커뮤니케이션 장애를 앓는 남성은 대개 어린 시절 부모와의 관계 속에서 '실패의 씨앗'이 심긴 사람이다. 그리고 그 원인은 부모의 낮은 커뮤니케이션 능력과 미성숙함이다.

만일 '애들을 걱정하기 전에 부모인 나 자신이 인간관계나 커뮤니케이션 때문에 스트레스를 받고 있다'는 생각이 든다면, 부모와 자신과의 관계를 되짚어 보길 바란다. 반드시 짚이는 곳이 있을 것이다. 그리고 '그 시절에 부모님이 어떻게 해줬으면 좀 더 좋았을까?'를 떠올려 보고 상상 속에서 어린 시절의 자신에게 그렇게 해보자.

만일 이때 눈물이 난다면 이는 당신이 우는 것이 아니다. 당신의 잠재의식 속에 존재하는 '어린 시절의 당신(Inner child, 내면의 어린이)'이 우는 것이다. 마음속으로 '어린 시절의 당신'에게 '힘들었구나. 외로웠구나. 그래도 잘 참았어. 이제 괜찮아!'라고 말해주자. 만일 이것이 가능하다면 당신 마음속에 심긴 '실패의 씨앗'은 '성공의 씨앗'으로 바뀔 것이다.

그리고 이 세상 누구보다 소중한 아들에게 이와 똑같이 해주길 바란다. 그러면 틀림없이 자녀에게 '사람을 잘 사귀는 최고의 씨앗'을 심을 수 있을 것이다.

“

눈에 넣어도 안 아픈 사랑스러운 아들이지만 평생 같이 살 수는 없다.
부모라면 자식이 언젠가 독립을 해서 가정을 꾸리고
행복하게 사는 모습을 보고 생을 마감하고 싶을 것이다.
그러기 위해서는 주변 사람들에게 사랑받는 남성으로 아들을 키워야 한다.
처자식에게 사랑받고 상사에게 신임을 얻으며,
부하에게 존경받고 친구들에게 인기가 많은 사람으로 키우는
‘성공의 씨앗’을 남자아이의 잠재의식에 심어주자.

”

성공의 씨앗 4

남자아이의 잠재의식에 슬며시 '사랑받는 남자가 되는 씨앗'을 심는다

절대 심어서는 안 되는 '실패의 씨앗'

'좋아하는 여성에게 매번 차이기만 한다', '죽마고우라고 부를 만한 친구도 없다', '상사에게 무시당하고 부하에게 외면당하며 처자식에게 버림까지 받는다' 같은 비참한 현실에 처한 이유를 찾아보면 어릴 적 남자아이의 잠재의식에 심긴 '실패의 씨앗' 때문일 가능성이 높다. 대체 어떤 실패의 씨앗이 그렇게 만드는지 자세히 살펴보도록 하자.

① '남자니까'라며 집안일을 돕게 하지 않는다

슈의 누나는 "왜 만날 나만 음식 만드는 걸 도와야 해요? 뒷정리도 왜 나만 해요?"라며 입을 비쭉 내밀면서 불평한다. 그러면 슈의 엄마는 "여자라면 언젠가 가족을 위해서 해야 하는 일이니까

지금부터 연습하는 거야. 슈는 남자라서 물건 나르는 걸 도와주잖니?"라고 말한다.

→ 남자아이에게 집안일을 돕게 하지 않으면 어른이 되어서 '생활력'이 부족한 남자가 된다. 요즘 시대에는 여성도 남성처럼 일을 한다. 여자가 아이를 낳는 역할을 맡고 있으니 그만큼 남자가 가사와 육아를 분담하지 못하면 무능한 사람으로 평가받는다.

따라서 앞으로 우리 아이들이 살아갈 시대에 남자아이에게 필요한 '성공의 씨앗' 중 하나로 '생활력'을 꼽을 수 있다. '생활력'이 부족한 남자는 결혼하지 못하거나 결혼하더라도 이혼을 당할 가능성이 높다.

② 항상 어린아이 취급을 한다

노리오의 엄마는 항상 "그러면 어떡하니? 정말이지 노리오는 아기 같다니까!"라고 웃으면서 뭐든지 대신 해준다.

→ 자식에 대한 지나친 사랑으로 계속해서 어린아이 취급만 하면 아이의 잠재의식에는 '엄마와 아빠는 내가 크길 바라지 않는다. 늘 아기처럼 굴면 사랑을 줄 것이다'라는 '실패의 씨앗'이 심긴다. 이런 아이는 어른이 되어서도 애인이나 아내에게 억지를 부리거나 엄마처럼 뭐든지 대신 해주길 기대한다.

③ 엄마가 너무 꾸미거나 혹은 전혀 꾸미지 않는다

도모히사는 친구들이 집에 놀러오는 것을 싫어한다. 왜냐하면 친구들에게 엄마를 보여주는 것이 부끄럽기 때문이다. 엄마는 항상 머리도 엉망이고 후줄근한 옷만 입고 있다.

료타도 친구들이 집에 놀러오는 것을 싫어한다. 왜냐하면 엄마가 너무 화려하기 때문이다. 료타는 매일 진하게 화장하고 짧은 치마를 입은 엄마의 모습을 친구들에게 보여주는 것이 부끄럽다.

→ 엄마가 너무 치장을 하지 않으면 자녀의 잠재의식에 '실제로 여자는 집에서 지저분하다'는 '실패의 씨앗'을 심게 된다. 이와 반대로 엄마가 너무 화려하게 꾸미면 '여자는 유치하다'는 '실패의 씨앗'을 심을 수 있다. 양쪽 모두 여성을 불신하는 실패의 씨앗이 될 수 있으니 조심하도록 하자.

④ 자식을 엄마의 이상형 혹은 왕자님으로 만든다

쇼헤이의 엄마는 항상 "쇼헤이는 엄마의 왕자님이야"라고 말한다.

→ 백마 탄 왕자를 기다리는 철이 덜 든 엄마가 남편에게 환멸을 느끼고 아들에게 이상적인 남성상을 요구하면 '나를 기다리고 있을 공주가 어딘가에 있을 것이다'라는 '실패의 씨앗'을 심게 된다.

이런 아이는 커서 엄마와 비슷한 철이 덜 든 여자를 좋아하게 될 가능성이 높다. 그런데 어느 순간 교제하는 여성이 공주가 아니라는 점에 환멸을 느끼게 되면, 또 다른 공주를 찾아 떠나는 악순환에 빠지고 만다.

⑤ 부모가 자식을 떠받든다

공부를 잘하는 히로시의 부모는 시종처럼 아들을 떠받든다. 그래서 "오늘 시험 보는데 배가 너무 아팠어!"라고 히로시가 화를 내면, 엄마는 "미안해. 아침밥을 잘못 만들었나봐"라며 사과하기 급급하다.

→ 자신감이 없는 부모에게 공부나 운동을 잘하는 뛰어난 아이가 태어나면 마치 상전을 모시듯이 떠받들며 키우는 경우가 있다. 부모가 시종처럼 굴고 아이의 눈치를 살피는 것이다. 하지만 이런 모습은 자녀의 잠재의식에 '나는 남들보다 뛰어나니까 이

런 대접을 받을 만하다'는 착각을 불러일으키는 '실패의 씨앗'을 심는다.

이런 환경에서 자란 아이는 커서 실수를 저지르거나 다른 사람보다 못하면 누군가에게 책임을 전가하고 남을 비하하는 태도로 깔보는 등 미성숙한 사람이 되고 만다.

⑥ 자녀를 돌볼 때 힘든 내색을 한다

도시히코의 부모는 맞벌이를 해 매일 피곤하다. 그래서일까? 도시히코가 무슨 부탁을 하면 힘든 표정을 지으며 입버릇처럼 "휴… 할 수 없지"라고 말한다.

→ 자녀를 돌볼 때 힘든 내색을 하면 '나는 방해가 되는 존재다' 또는 '남을 위해서 자기 시간을 쓰는 것은 어리석은 짓이다' 같

은 '실패의 씨앗'을 심게 된다.

이런 아이는 어른이 되어서 남을 돕거나 돌보는 것은 자신의 시간을 빼앗기는 것이라고 여긴다. 또한 부탁하는 사람을 어리석다고 생각한다.

⑦ 엄마는 아빠의 횡포를 계속 참기만 한다

"누구 덕에 이렇게 먹고사는 줄 알아?" 노부오의 아빠는 기분 나쁜 일이 있으면 엄마에게 불같이 화를 낸다. 엄마는 때때로 몰래 숨어서 눈물을 흘린다.

→ 권위를 내세우고 매사에 위협적인 태도를 보이는 아빠. 그런 아빠에게 아무 말도 못하고 받아주기만 하는 엄마. 이런 부모를 보고 자란 아이의 잠재의식에는 '남자는 하늘, 여자는 땅', '남자는 권위, 여자는 인내'라는 '실패의 씨앗'이 자란다.

그리고 어른이 되어서 입으로는 "평등한 관계가 좋다"고 말하지만, 자신의 권위적인 행동을 참아줄 수 있는 여자를 무의식적으로 선택한다. 상사나 권력이 있는 사람에게 아첨을 떨고, 부하나 가족에게는 자신의 힘을 과시하며 이를 만족해하는 형편없는 남자가 된다.

어린 시절에 부모와 어떤 관계를 맺었느냐에 따라 장래에 주변 사람들에게 어떤 평가를 받고 어떤 대접을 받을지가 결정된다. 특히 여성과의 관계는 부모 사이의 관계와 엄마의 언행이 큰 영향을 미친다.

편향된 부모의 가치관이나 태도는 여성에게 미움을 사거나 직장에서 외면당하거나 처자식에게 버림받는 '실패의 씨앗'을 심을 수 있으니 반드시 앞에서 언급한 내용들을 참고하길 바란다.

일곱 가지
'사랑받는 남자가 되기 위한 씨앗'

남자아이가 커서 주변 사람들에게 외면당하는 남자가 될 것인가? 아니면 상사의 눈에 들고 부하에게 존경받으며 애인에게 사랑받고 단란한 가정을 꾸려 아내와 자식에게 소중한 '사랑받는 남자'가 될 것인가?

이는 어린 시절에 남자아이의 잠재의식에 심긴 '성공의 씨앗'에 의해 결정된다. 따라서 남자아이를 둔 부모라면 자녀의 잠재의식에 '사랑받는 남자가 되기 위한 씨앗'을 많이 심어주어야 한다.

① 자녀에게 무조건적인 사랑을 쏟는다

남자의 인생에서 이성에게 인기가 많고 적음은 행복에 영향을 미치는 중요한 요소다. 일본에서는 여전히 '고학력, 고수입, 고신

장' 이 세 가지 '고(高)'가 여성들이 바라는 이상적인 남성상의 조건이다. 하지만 여성들의 자립심이 점점 높아지고 있는 가운데, 세 가지 '고'에만 의존해서는 상대방을 질리게 만들거나 버림받을 가능성이 있다.

현대 사회에서 인기가 많은 남성에게 발견되는 공통점이 하나 있다. 바로 남성 특유의 '귀염성'이다. '귀염성'이라고 해서 유치하거나 제멋대로 구는 것을 뜻하지 않는다. 이는 계산적이지 않은 순수함과 해맑음, 자상함을 가리킨다.

이런 '귀염성의 씨앗'은 부모가 '기브 앤 테이크(give and take)'의 조건적인 사랑이 아니라, 무조건적인 사랑을 자녀에게 쏟음으로써 심을 수 있다.

② 남에게 주는 기쁨을 가르친다

남에게 사랑받으려면 '베푸는 능력'이 있어야 한다. 인간이면 누구나 '사랑받고 싶다', '이해해줬으면 좋겠다', '인정받고 싶다', '친절하게 대해줬으면 좋겠다'고 바란다.

그렇다고 이를 기다리기만 해서는 안 된다. 우리가 사는 세상은 '기브 앤 테이크'의 개념이 지배한다. 일단 자신이 먼저 아낌없이 남에게 베풀어야 한다. 그러면 언젠가 자신에게 어떤 형태로든 돌아오기 마련이다.

단, 상대방에게 부담스럽지 않은 적당한 친절함과 애정을 보이는 것이 중요하다. 여봐란 듯한 친절함이나 억지로 베푸는 듯한 애정은 상대방을 불편하게 한다. 비록 자신에게 이득이 되지 않더라도 과하지 않은 친절함이나 자상함이야말로 '사랑받는 남자의 씨앗'이 된다.

이 씨앗은 자녀가 예의 바르고 친절하게 행동했을 때 부모가 진심을 담아서 "고마워. 너무 기쁘네"라고 말하거나 일부러 약한 모습을 보여주고 자녀에게 도움받는 행동을 통해서 심을 수 있다. 또한 더욱 효과적인 것은 평소에 부모가 타인을 조용히 배려하는 모습을 보이는 방법이다.

③ 자주 웃는다

많은 이에게 사랑받는 사람을 잘 관찰해 보면 '잘 웃는다'는 공통점을 발견할 수 있다. '웃는 낯에 침 뱉으랴'는 속담처럼 즐겁게 웃거나 상냥한 미소를 짓는 사람은 미워할 수 없다. 그래서 험악한 표정이나 잘 웃지 않는 사람 옆에는 오래 있고 싶지 않은 법이다. 게다가 잘 웃는 사람과는 함께 있는 것만으로도 기분이 절로 좋아진다.

특히 남자인데 환하게 웃는 사람은 더욱 매력적이다. 상황과 분위기에 맞지 않게 웃으면 실례지만 유머는 삶의 활력소가 된다. 가능하면 자녀에게 유머 감각을 길러주도록 하자. 가족끼리 코미디 프로그램을 시청하거나 농담을 주고받으며 웃음을 나누는 시간을 통해서 '사랑받는 남자의 씨앗'을 심을 수 있다.

④ 동물을 보호하는 마음을 길러준다

사랑받는 남자는 '사랑을 줄 수 있는 남자'이기도 하다. 그리고 이런 애정을 여성만이 아니라 아이와 동물에게 베풀 수 있다면 더 보다 많은 사람들에게 사랑받는 남자가 될 수 있다. 형편이 된다면 개나 고양이 같은 반려 동물을 가족으로 맞이해 보자. 동물을 소중히 여기고 사랑하는 행동은 생명의 소중함과 자애를 배우는 '성공의 씨앗'이 된다.

단, 자녀에게 생일이나 크리스마스 선물로 동물을 사주는 행위는 삼가도록 하자. 동물은 물건이 아니다. 인간과 마찬가지로 마음

을 가진 존재라는 것을 반드시 가르쳐야 한다. 또한 반려 동물은 가족이지 결코 아이의 소유물이 아니다.

기본적으로 자녀에게 모든 책임을 지게 하지 말고 부모가 동물을 잘 돌보고 사랑하는 모습을 보여주면 '성공의 씨앗'을 심을 수 있다.

⑤ 외모와 향기의 중요성을 가르친다

흔히 '외면보다 내면이 중요하다'고 말하는데 현실적으로 '외면'도 중요하다. 그렇다고 아이돌 스타나 탤런트처럼 잘생긴 외모가 필요하다는 뜻이 아니다. 일단 남성의 외모에 영향을 미치는 여러 요소 중 '청결함'이 가장 중요하다. 어떤 헤어스타일이든 처음 봤을 때 청결해 보여야 한다. 옷차림도 마찬가지다.

또한 몸에서 나는 향기도 중요하다. 향수나 오데 코롱은 호불호가 갈리지만 비누나 샴푸, 스킨의 은은한 향이 감도는 남성은 이성의 호감을 산다. 따라서 남자아이를 둔 부모라면 평소에 '외모와 향기에 신경을 쓰는 씨앗'을 심어주도록 하자.

이를테면 세탁법이나 옷을 관리하는 방법, 다리미질하는 방법을 가르치는 것이다. 그리고 목욕을 마친 후에 "아, 향기가 너무 좋네. 피곤함이 싹 풀린다"라고 말하는 등 평소에 부모가 청결한 부분을 신경 써주는 것이 좋다.

⑥ 감동을 표현할 수 있는 언어 능력을 길러준다

애인, 아내, 자식과 따뜻하면서도 친밀한 관계를 형성하는 남성은 서로의 체험을 공유하는 능력이 뛰어나다. 가령 슬픈 영화를 보고 눈물을 흘리거나 농담을 주고받으며 웃거나 함께 식사를 즐기며 맛있다고 칭찬할 줄 안다. 이렇게 슬픔, 기쁨, 행복을 함께 나누는 것은 매우 중요하다.

그런데 누군가와 이런 감정을 나누려면 자신의 마음을 표현할 수 있는 언어 능력이 필요하다. 평소에 자녀와 대화를 나눌 기회를 늘리거나 적극적으로 영화와 소설, 음악, 그림, 만화, 뉴스 등에 대한 서로의 소감을 나눠보자. 만일 자녀와 함께 눈물을 흘리면서 감동을 나눌 수 있다면 이는 자녀의 잠재의식에 다양한 '성공의 씨앗'을 심을 수 있다.

⑦ 사랑받는 남자가 되기 위한 '언어의 씨앗'

일상에서 주고받는 대화를 통해서 남자아이의 잠재의식에 슬며시 '사랑받는 남자가 되기 위한 씨앗'을 심는다.

"참 예쁘다(또는 귀엽다, 불쌍하다). 너는 어떤 기분이 들었어?"

"오늘 지하철에서 이런 일이 있었단다. 그래서 아빠는 무척 슬펐어."

"어머? 이걸 직접 만든 거야? 진짜 맛있다. 아, 맛있는 걸 먹었더니 너무 행복해!"

인생에서 가장 큰 행복은 누군가를 사랑하고 누군가에게 사랑받는 것이다. 아무리 좋은 대학을 나오고 돈을 많이 벌어도 진심으로 사랑할 수 있는 존재가 없다면, 그 사람의 인생은 무의미할 뿐이다. 또한 누군가에게 진심 어린 사랑을 받을 수 있다는 자신감이야말로 자기긍정성을 높이고 무슨 일에든 도전할 수 있는 용기의 원천이 된다.

부모에게 무한한 사랑을 받은 아이는 틀림없이 장래에 다른 사람에게 사랑을 줄 수 있고 결과적으로 많은 사람들의 사랑을 받는 어른이 될 것이다.

사랑을 줄 수 있는 사람이 사랑도 받을 수 있다.

이 점을 반드시 마음에 새겨두길 바란다.

'사랑받는 남자가 되기 위한 씨앗'을 키우는 "만약에?"라는 질문

"만약에?"로 시작하는 질문은 아이의 잠재의식을 자극할 수 있다. 또한 부모와 자식이 이런저런 대화를 나눔으로써 유대감이 깊어진다.

자, "만약에?"라는 질문을 통해서 남자아이의 잠재의식에 슬며시 '사랑받는 남자가 되기 위한 씨앗'을 심어보자.

1. 만약에 당신이 어른이 되어서 자식을 낳는다면 어떤 아빠가 되고 싶은가?

2. 지금 당신의 눈앞에 노인, 아기, 의사, 임산부, 병든 환자가 있는데 모두 물에 빠졌다. 만약 딱 세 명만 구할 수 있다면 당신은 누구를 어떤 순서대로 구할 것인가?

1. 만약에 당신이 어른이 되어서 자식을 낳는다면 어떤 아빠가 되고 싶은가?

이런 질문을 받으면 아이는 우선 자기 아빠가 어떤 아빠인지를 떠올려본다. 그래서 때로는 듣기 거북한 답이 돌아올 수도 있다.

만일 '아주 많이 놀아주는 아빠!' 혹은 '축구를 가르쳐주는 아빠!' 등의 대답이 돌아온다면 이는 아이가 바라는 소원이다. 만일 자녀가 "그럼 난 아기를 낳지 않을 거예요" 혹은 "결혼 안 할 건데요"라고 대답했다면 "왜? 아이가 얼마나 사랑스러운데. 부모가 되는 건 행복한 일이야"라고 말해주자. 이는 자녀의 잠재의식에 '사랑받는 남자가 되기 위한 씨앗'으로 자랄 것이다.

그런데 만일 자녀가 "애 키우는 게 얼마나 힘든데요. 시끄럽고 말썽만 피우고…"라고 반문한다면 이는 평소에 부모가 자녀를 키우며 느끼는 감정일 가능성이 높다. 따라서 부모 자신의 언행을 되짚어보고 개선해야 할 점이 있다면 개선하도록 하자.

2. 지금 당신의 눈앞에 노인, 아기, 의사, 임산부, 병든 환자가 있는데 모두 물에 빠졌다. 만약 딱 세 명만 구할 수 있다면 당신은 누구를 어떤 순서대로 구할 것인가?

이 질문에는 다양한 대답이 나올 수 있는데, 반드시 자녀와 함께 생각해보자. 이를테면 "아빠라면 아기, 병든 사람, 노인 순으로 구할 거야. 약한 사람부터 구해주고 싶거든"이라고 부모가 먼저 말을 꺼내도 좋다.

만일 자녀에게서 "음, 어차피 곧 죽을 건데 병든 사람을 구해주는 건 아까워요" 또는 "노인보다 임산부를 구하면 배속의 아기까지 두 명이나 구할 수 있잖아요" 같은 대답이 나온다면 "그렇긴 한데…"라고 말하면서 다양한 가치관에 대한 이야기를 나눠보자. 이런 대화는 자녀에게 배려와 언어 능력을 길러주는 '성공의 씨앗'이 된다.

'사랑받는 남자가 되기 위한 씨앗'을 동물이 심어줬다!

어느 날, 한밤중에 부엌에서 부스럭거리는 소리가 들려왔다. 이상해서 나가봤더니 대학생 아들이 뭔가를 만들고 있었다. 내가 무슨 일이냐고 묻자 아들이 여자 친구와 벚꽃 구경을 가기로 해서 도시락을 싸고 있었다고 했다. 순간 나는 "뭐? 여자 친구가 안 싸와?"라며 당황했지만 이야기를 들어보니 서로 각자의 도시락을 싸 오기로 약속했다는 것이었다.

다음 날 아침에 일어나 "그래서 뭘 만들었니?"라고 묻자, 아들은 "야채 조림이랑 계란말이요"라고 답했다. 내심 '냉장고에 남은 재료로 잘도 만들었네'라는 생각이 들었다.

그리고 그날 저녁이 되어 "오늘 데이트 어땠어? 여자 친구는 뭘 만들어왔든?"이라고 물었다. 그러자 아들은 "편의점에서 주먹밥을 사왔더라고요"라며 피식 웃었다. '걔도 참…' 하는 생각이 들었지만 아들은 그런 여자 친구의 행동이 마냥 귀엽기만 한 모양이었다.

알고 보니 화이트데이에도 아들은 여자 친구에게 롤 케이크와 수제 쿠키를 만들어줬고, 여자 친구가 사랑니를 뽑았을 때는 계란찜까지 해다 줬다고 한다. 엄마인 내게는 단 한 번도 음식을 만들어준 적이 없는 녀석인데 말이다(여자 친구에게 주려고 만들었던 롤 케이크의 자투리 조각을 받은 적은 있지만).

어렸을 때는 시쳇말로 '엄마 껌딱지'여서 지하철을 타면 건너편의 찰싹 붙어 앉은 연인을 보고 "엄마랑 나 같다"라며 가슴 뭉클한 말도 속삭이던 아들인데, 이제는 다 지난 이야기다.

사실 아들은 초등학교 고학년 때부터 심하게 반항을 했다. 중학생이 되어서는 화장실에 가거나 샤워하고, 식사하는 시간 이외에는 자기 방에서 거의 나오지 않았다. 아이가 그럴 때면 나는 대수롭지 않은 일이라 여기고 '한창 반항기니까', '청소년기니까'라며 너그럽게 봐주곤 했다.

그런데 어느 날, 너무 심하게 반항을 하기에 "엄마한테 사과해야지!"라고 말하며 아들 앞을 가로막았다. 그러자 아들이 작은 목소리로 "아 진짜… 사라지라고… 아니면 죽든가…"라고 말하는 것이 아닌가?

그 순간 화가 머리끝까지 치밀어 올랐다. 그래서 "어딜 엄마한

테 그런 소리를 해! 못된 놈 같으니라고! 그럼 네가 엄마를 죽이던가? 못 죽이면 다시는 그런 소리 하지 마!"라며 부엌에서 칼을 꺼내와 아들에게 내밀었다. 속으로는 얼마나 떨렸는지 모른다. '설마 찌르지는 않겠지? 그래도 찌르면 어떡하지? 소파에 앉아서 과자를 먹고 있는 딸이 분명히 말릴 거야'라며 딸내미가 소파에서 일어나길 기다렸다. 그런데 딸은 이쪽을 쳐다보며 우적우적 과자만 먹을 뿐이었다.

나와 아들은 잠시 동안 꿈쩍도 하지 않고 서로를 째려보기만 했다. 그리고 몇 분이 지났을까. 아들 녀석이 "더 이상 못 참아!"라고 버럭 소리를 지르고는 자기 방으로 들어갔다.

나는 기진맥진해 자리에 털썩 주저앉았다. 그리고 소파에 앉아 있던 딸에게 "아니 넌 어쩜 곧바로 말리지 않고 뭐 하는 거니?"라고 소리쳤다. 그러자 딸이 "엄마가 칼에 찔릴 각오를 한 것 같아서요. 그래서 찔리면 곧바로 구급차 부르려고 전화기 옆에서 기다리고 있었어요"라고 말하는 것이 아닌가? '나도 나지만 애들도 만만치 않구나' 하는 생각이 들었다.

그렇게 나와 아들 사이에는 기나긴 냉전 시대가 존재했다. 하지만 엄마인 내게는 심하게 반항하고 버릇없이 굴던 아들도 여섯 마리의 강아지들에게는 단 한 번도 화풀이를 한 적이 없었고, 여동생에게는 늘 다정한 오빠였다. 그래서 나는 아들이 심한 반항기를 드러내도 내심 크게 걱정하지는 않았다. 지금 되돌아보면 아들의 잠재의식에 '다정한 씨앗'을 심어준 것은 여섯 마리의 반려 동물이 아닌가 싶다.

“

우리의 인생에는 실패와 실수, 장애물이 늘 따라붙기 마련이다.

원하는 목표를 이루려면 여러 번의 좌절을 극복해야 한다.

이때 필요한 게 ‘스트레스에서 벗어나 회복하는 능력(resilience)’이다.

여러 번 넘어져도 다시 일어서서 걸을 수 있는 ‘쉽게 포기하지 않는 강인함’이야말로

인생을 씩씩하게 살아갈 힘이자 소중한 재산이다.

따라서 남자아이를 둔 부모라면 아이의 잠재의식에

‘쉽게 포기하지 않는 강인함의 씨앗’을 심어줘야 한다.

”

성공의 씨앗 5

남자아이의 잠재의식에 슬며시 '쉽게 포기하지 않는 강인함의 씨앗'을 심는다

절대 심어서는 안 되는 '실패의 씨앗'

어른이 되어서도 사소한 일로 상처받거나 우울해하거나 좀처럼 실패를 극복하지 못한다면 그로 말미암은 스트레스로 병을 얻을 수 있다. 이렇게 되면 본인이 힘든 것은 물론, 성공의 기회마저 잃게 된다.

힘든 기억을 훌훌 털어내지 못하는 나약함은 어린 시절에 부모의 언행에 의해 길러진다. 과연 어떤 '실패의 씨앗'이 있는지 자세히 살펴보도록 하자.

① 자녀에게 세상의 이면을 보여주지 않는다

고이치는 학교에서 친구들의 대화에 잘 끼지 못한다. 왜냐하면 고이치네 집에서는 조금이라도 폭력적인 장면이 나오는 TV 프로그램을 보는 것은 물론이거니와 게임하는 것도 금지되어 있기 때문이다.

고이치의 엄마는 "기분이 나쁘다며 곧바로 폭력을 휘두르는 것은 절대 안 돼", "저렇게 경쟁심을 부추기는 게임은 어린아이의 정신세계에 좋지 않아", 심지어 "뉴스를 보면 살인이니 유괴니 참혹한 이야기만 나와. 저런 걸 보면 어린애들 마음이 얼마나 더러워지겠어"라며 뉴스조차 보여주지 않는다.

세상의 나쁜 이면을 보여주지 않으면 아이의 잠재의식에 '보고 싶지 않은 현실은 외면하고 살면 된다'는 '실패의 씨앗'을 심게 된다. 이런 환경에서 자란 아이는 어른이 되어서 현실의 냉혹함에 당당히 맞서지 못하는 인간이 될 수 있다.

사실 사회로 한 발 내딛으면 위험한 일, 나쁜 일, 불공평한 일이 넘쳐나는 것이 현실이다. 따라서 우리는 이상론과 정론만을 추구하며 살 수 없다. 소위 온실 속 화초처럼 '순수 배양'된 아이는 자그마한 부정이나 아슬아슬한 농담 등에 큰 충격을 받거나 상처받거나 분노를 느껴, 현실에서 도피하려 하거나 반대로 사회와 맞서 싸우려 한다.

물론 어린아이에게 애니메이션, 영화 등에 등장하는 과격한 폭력 장면을 너무 많이 보여주면 폭력적인 아이로 자라는 씨앗을 심을 수 있다. 그래서 과도한 폭력이나 범죄 장면 등은 어느 연령까지 부모의 규제가 반드시 필요하다.

하지만 그 이외의 정보는 기본적으로 있는 그대로 접할 수 있게 놔두는 편이 좋다. 무엇보다 그런 문제에 대해서 자녀와 함께 의견을 나누는 시간을 가질 것을 적극 추천한다. 이렇게 하면 아이는 서서히 사회의 겉과 속, 이상과 현실을 인식할 수 있다.

② 자녀에게 실패를 경험하거나 넘어지지 않게 한다

"이것 봐 위험하잖아. 그네는 안 돼! 뭐? 미끄럼틀? 좀 더 커서 타자. 그런 데는 걸어 다니면 넘어져. 이리로 와."

사토루의 엄마는 걱정이 심한 편이다. 그래서 사토루는 넘어져 본 적이 거의 없다.

→ 자녀에 대한 지나친 걱정으로 아이가 가는 곳, 손이 닿는 곳의 장애물을 치우며 곱게 키우면 아이의 잠재의식에 '새로운 것

에는 가까이 가지 말아야 한다. 세상에는 위험한 것이 너무 많다. 실패하면 엄청난 일이 벌어질 것이다'라는 '실패의 씨앗'을 심게 된다. 이런 아이는 어른이 되어도 실패를 두려워하고 새로운 일에 도전할 수 없는 인간이 되고 만다.

③ 매사에 규칙을 정해서 자녀를 옭아맨다

준의 부모는 언제나 험상궂은 표정을 짓는다. 그리고 준의 집에는 지켜야 할 규칙이 꽤 많다. 귀가 시간은 물론 식사 예절, 옷을 개는 방법, 기상 시간, 잠자는 시간, 사용해서는 안 되는 단어, 그 외에도 공부 방법과 휴일을 보내는 방법 등 매사에 규칙이 정해져 있다. 규칙을 지키지 않으면 용돈을 못 받거나 공부 시간이 늘어나는 등 벌을 받는다.

→ 너무 세세한 규칙을 강요하면 아이의 잠재의식에 '규칙을 지켜야 하기에 긴장하고 있어야 한다. 지키지 못하면 나중에 큰일이 난다'는 '실패의 씨앗'을 심게 된다.

이러면 어른이 되어서 대인공포증이나 신경증을 앓을 수 있고, 갑자기 흥분하거나 사소한 실수에 크게 좌절하는 등 우울증에 빠지기 쉽다.

④ 자녀에게 강인함, 완벽함, 1등을 강요한다

"제기랄! 왜 100점을 못 받은 거지…."

가쓰히코는 90점짜리 시험지를 노려보며 억울하다는 듯 눈물을 흘렸다. 100점을 못 받으면 엄마에게 "제대로 본 거 맞아? 이래서는 야마다에게 지겠다"라는 말을 듣기 때문이다. 야마다와 가쓰히코는 서로 1, 2등을 다투는 경쟁 상대다.

→ 자녀에게 강인함과 완벽함, 1등을 과도하게 강요하면 '1등이 아니면 진 것이다'는 '실패의 씨앗'을 심게 된다.

일반적으로 아이가 커서 중학교, 고등학교, 대학교라는 넓은 세계로 나아가면 점차 자신보다 뛰어난 사람을 만나기 마련이다. 따라서 어렸을 때부터 1등만을 강요받으며 자란 아이는 점차 좌절감에 짓눌려 무력함을 느끼거나 의욕을 상실하는 등 심한 경우에는 아무것도 하고 싶지 않은 극단적인 상태에 이를 수도 있다.

⑤ 자녀의 아픔과 실패에 과도하게 반응하고 달래준다

"후미오야 왜 그러니? 애들이 놀렸어?", "어디 아파?", "추워?", "불쌍한 우리 아들!", "누가 그랬어?", "배고프지?", "그런 심한 일을 당했어?"라며 엄마는 항상 후미오를 걱정하기 바쁘다.

→ 부모가 과도하게 자녀의 아픔, 실수, 실패에 반응하면 '이 세상은 나에게 상처 주는 것들뿐이다. 나는 참 불쌍한 사람이다. 그러니 모두가 나를 봐줘야 한다'는 피해망상적인 '실패의 씨앗'을 심게 된다.

이런 아이는 어른이 되어서 자신의 권리와 손실과 이득에 민감해 사소한 일로 '상처받았다', '손해를 입었다'라며 피해망상적인 생각에 빠지기 쉽다. 또한 '여기도 아프고, 저기도 아프고, 아무래도 병에 걸린 것 같다'라며 자그마한 증상을 크게 부풀려 엄살을 떠는 등 주변 사람들을 불편하게 만들어 기피 대상이 되고 만다.

⑥ 자녀에 대한 지나친 걱정으로 아무것도, 심지어 경쟁도 시키지 않는다

"저는 애가 커서 쓸데없는 스트레스로 병에 걸리거나 까칠한 어른이 되지 않았으면 해요. 그래서 숙제도 강요하지 않고, 달리기 시합에 나가는 것도 싫더라고요."

미치아키의 엄마는 아이가 경쟁, 싸움과 관련이 없는 평화롭고 여유로운 인생을 살았으면 하는 바람이 있다.

→ 부모가 자녀를 지키고 싶은 마음에 경쟁도 시키지 않고 방해가 되는 것을 알아서 치워주면 '누군가와 경쟁하거나 경쟁의식을 갖는 것은 무서운 일이다. 누군가와 싸우지 않도록 하고 눈에 띄지 않게 조용하고 평범하게 살자'는 '실패의 씨앗'을 심게 된다.

이런 아이는 결과적으로 맞서 싸워야 하는 상황에서도 아무것도 하지 못하는 어른이 될 가능성이 높다.

세상에는 불합리한 일도 많고, 자신이 바라는 대로 되지 않을 때도 많다. 하지만 그럴수록 험난한 현실 속에서 실패와 좌절을 경험하며 살아남는 방법을 찾아야 한다.

그런 의미에서 부모의 과도한 기대나 애정은 자녀의 강인함과 융통성을 방해하는 '실패의 씨앗'이 된다. 자녀가 쉽게 일어서지 못하는 나약한 인간 또는 예민한 인간이 되지 않도록 주의를 기울여야 한다.

일곱 가지
'쉽게 포기하지 않는 강인함의 씨앗'

앞에서 설명한 '실패의 씨앗'과 마찬가지로 '쉽게 포기하지 않는 강인함의 씨앗'도 부모의 자그마한 언행이 영향을 미친다.

이를테면 자녀가 넘어졌을 때 부모가 놀라서 곧장 달려가 "얼마나 아플까? 불쌍한 내 새끼!" 하며 도와주기 바쁘면 아이에게는 '넘어지는 것은 정말 끔찍한 일을 당한 것이다'라는 '나약함의 씨앗'이 심긴다.

반대로 자녀가 넘어져도 조용히 그 모습을 지켜보고 있으면 아이는 울지 않고 스스로 일어설 수 있는 사람으로 자란다. 이때 부모가 미소를 지으며 "혼자 일어섰구나! 대견한데!"라고 칭찬한다면 자녀의 잠재의식에 '넘어지는 것은 별일 아니다. 스스로 털고 일어서면 된다'는 '쉽게 포기하지 않는 강인함의 씨앗'을 심을 수 있다. 여기서는 쉽게 포기하지 않는 강인한 남자가 되기 위한 '성공의 씨앗'을 소개한다.

① 수많은 시행착오를 겪으며 아픔까지 경험하게 한다

아이가 어렸을 때는 가능한 한 많은 시행착오를 겪게 한다. 발명의 아버지로 유명한 에디슨도 전구를 발명하기 위해서 만 번의 실패를 거듭했다고 한다. 하지만 그는 "실패가 아니라 잘 안 되는 방법을 만 번 발견했을 뿐이다"라고 말했다.

모든 실패는 아이에게 '경험'이라는 귀중한 씨앗이 된다. 어렸을 때에 실수를 많이 해본 아이가 커서도 많은 도전을 할 수 있다. 이런 경험은 실패를 두려워하지 않는 마음을 길러주고 위험을 무릅쓸 수 있는 '성공의 씨앗'이 된다.

② 유머 감각을 길러준다

살다보면 우리는 수많은 좌절과 실패를 경험한다. 그럴 때마다 자그마한 유머가 기분을 달래주거나 새로운 도전으로 이끄는 힘이 된다.

나와 내 아이들은 코미디 프로그램을 좋아하고 사소한 농담에도 잘 웃는다. 그래서일까? 큰 실수를 했을 때 일부러 자신의 바보 같았던 점을 농담을 섞어가며 이야기한다. 그러면 어두운 얼굴로 낙담하다가도 일제히 웃음보를 터트린다. 우스꽝스러운 이야기를 해서 크게 웃고 나면 별일 아닌 것처럼 마음이 한결 편해지는 법이다. 흔히들 '웃으면 실패에 대한 면역력이 높아진다'고 하지 않는가?

될 수 있으면 웃을 기회를 많이 만들자. 그것이 '쉽게 포기하지 않는 강인함의 씨앗'이 된다.

③ 융통성을 길러서 선택지를 늘린다

실패했을 때나 일이 잘 풀리지 않을 때 낙심하는 것은 선택지가 적은 탓이기도 하다. 반대로 동일한 목표를 달성하는 데 복수의 선택지가 있으면 목표를 이룰 가능성이 그만큼 높아진다. 그러니 자녀에게 항상 "다른 방법이 있을까?"라는 질문을 던져보자.

또한 같은 경험이라도 보는 각도를 달리하면 전혀 다른 의미로 다가온다. 앞에서 언급했듯이 컵에 물이 반 정도 있을 때 '절반밖에 남지 않았다'라고 생각하는 사람과 '아직 절반이나 남았다'라고 생각하는 사람에게 컵에 담긴 물의 가치는 다르다.

이처럼 다양한 각도에서 사물을 바라볼 수 있는 아이로 키우려면 "이번 실수가 나중에 도움이 된다면 어떤 도움이 될까?", "저 사람의 입장에서 보면 나쁜 일이지만 이 사람의 입장에서 보면 어떨 것 같아?" 같은 질문을 던지는 게 좋다. 이는 훗날 아이에게 '성공의 씨앗'이 된다.

④ 도움을 청할 수 있는 용기를 길러준다

너무 힘들 때 누군가에게 도움을 청할 수 있는 용기는 '삶을 극복할 수 있는 힘의 씨앗'이 된다. 그러니 부모도 힘들 때면 때때로 자녀에게 일부러 엄살을 떨거나 불평을 말해보자. 그러면서 자녀에게 "어떻게 하면 좋을까?", "엄마 좀 도와줄래?"라며 도움을 요청하는 것이다.

그러면 아이에게 '힘들거나 아플 때는 도움을 청해도 괜찮다'는 '성공의 씨앗'을 심을 수 있다.

⑤ 기분과 감정을 전환하는 방법을 가르친다

우울하거나 지쳤을 때는 그런 자신의 부정적인 기분과 감정을 스스로 떨쳐버릴 줄 알아야 한다. 그러려면 부모도 무리하게 자신의 감정을 억누르지 말고 자녀 앞에서 울거나 분노를 표출하는 것도 나쁘지 않다.

예를 들어 "힘들 때는 따뜻한 코코아를 마시면 좀 나아져"라고 자녀가 좋아하는 것과 기분이 나아지는 방법을 가르쳐주면, 아이는 어른이 되어서 우울할 때나 힘들 때에 부모가 제시해준 방법을 통해서 자신의 기분과 감정을 전환할 수 있다.

⑥ 마지막에는 반드시 승리하는 방법을 가르쳐준다

아프리카의 어느 부족에게는 100퍼센트 비를 내리게 하는 비법이 있다고 한다. 바로 비가 내릴 때까지 기우제를 지내는 것이다. '그게 무슨 비법이야?'라며 헛웃음이 나올 법한데, 이는 성공을 손에 넣는 중요한 방법이기도 하다.

왜냐하면 큰 목표를 달성한 사람이나 꿈을 이룬 사람은 모두 끝까지 포기하지 않은 사람들이기 때문이다. 그러니 이 이야기를 당신의 자녀에게 꼭 들려주길 바란다.

⑦ 강인해지기 위한 '언어의 씨앗'

일상에서 주고받는 대화를 통해서 남자아이의 잠재의식에 슬며시 '쉽게 포기하지 않는 강인함의 씨앗'을 심는다.

"젊어서 고생하거나 상처받았던 사람이 나중에는 성공한단다."

"성공하는 방법은 하나가 아니야. 돌아가는 방법도 있단다."

요즘 젊은이들은 친구나 동료가 던지는 사소한 말에도 쉽게 상처받거나 상사에게 질책을 받으면 갑자기 복통을 호소하는 등 몸과 마음이 나약하기 짝이 없다. 이런 젊은이들은 대부분 온실 속 화초처럼 곱게 자랐기 때문이다.

따라서 부모라면 자녀에게 일부러 실패를 경험하게 하고 도움을 주지 않거나 둔감해질 필요가 있다. 이런 부모의 태도가 자녀에게 '쉽게 포기하지 않는 강인함의 씨앗'을 심을 수 있다.

'쉽게 포기하지 않는 강인함의 씨앗'을 기르는 "만약에?"라는 질문

"만약에?"로 시작하는 질문은 아이의 잠재의식을 자극할 수 있다. 또한 부모와 자식이 이런저런 대화를 나눔으로써 유대감이 깊어진다.

자, "만약에?"라는 질문을 통해서 남자아이의 잠재의식에 슬며시 '쉽게 포기하지 않는 강인함의 씨앗'을 심어보자.

1. 만약에 앞으로 평생 동안 사슴이 되어서 살아야 한다면 '동물원 속의 사슴'과 '정글 속의 사슴' 중 어느 쪽을 선택할 것인가?

2. 만약에 앞으로 평생 무인도에서 살게 되었는데, 밥은 먹고 싶은 만큼 먹을 수 있지만 반찬은 딱 한 가지 밖에 먹을 수 없다면 어떤 반찬을 고를 것인가?

1. 만약에 앞으로 평생 동안 사슴이 되어서 살아야 한다면 '동물원 속의 사슴'과 '정글 속의 사슴' 중 어느 쪽을 선택할 것인가?

이 질문을 통해서는 다양한 각도에서 사물을 바라보는 사고력과 상상력을 길러줄 수 있다. 그럼으로써 '쉽게 포기하지 않는 강인함의 씨앗'을 아이의 잠재의식에 심을 수 있다.

만일 자녀가 "당연히 정글이죠. 자유롭잖아요"라고 답한다면 "하지만 사자에게 잡아먹힐 수도 있는데?"라며 자신의 선택에 따르는 위험성을 고려해 보도록 유도한다.

부모도 자녀와 함께 생각해 보고 서로 답을 주고받으며 "만약에 사슴 말고 다른 동물이라면?" 같은 질문으로 생각의 폭을 넓혀보자. 또한 "만약에 동물원에서 평생 살아야 한다면 어떤 동물이 되고 싶어?", "만약에 정글에서 평생 살아야 한다면 어떤 동물이 되고 싶어?" 같은 다양한 질문을 자녀와 함께 생각해 보자.

2. 만약에 앞으로 평생 무인도에서 살게 되었는데, 밥은 먹고 싶은

만큼 먹을 수 있지만 반찬은 딱 한 가지 밖에 먹을 수 없다면 어떤 반찬을 고를 것인가?

무엇을 우선시하느냐에 따라서 다양한 답이 나올 수 있는 질문이다. 아이는 무인도에서 평생 살아야 하는 자신의 모습을 상상해 봄으로써 '살아가는 데 필요한 능력'에 대해서 이런저런 고민을 할 것이다. 아이에 따라서는 '설날 음식!', '초밥에 올리는 생선!' 등 독특한 답을 내놓기도 할 것이다.

자녀와 함께 신중하게, 그리고 농담을 섞어가며 마음껏 즐기면서 답을 찾아보자. 덧붙여 이 질문을 통해서는 상상력과 분석력, 유머 감각, 융통성 등의 '쉽게 포기하지 않는 강인함의 씨앗'을 심을 수 있다.

영혼을 뒤흔들 정도의 열정과 애정이 최대 강점이 된다!

내 아들은 두 번의 재수 끝에 수의학과에 합격했다. 솔직히 아들의 합격 소식을 접했을 때 나는 깜짝 놀랄 수밖에 없었다. 고등학교 3년 내내 가라테(空手, 무기를 쓰지 않고 신체의 각 부위를 이용해 상대방과 겨루는 일본의 무술 - 옮긴이)에 미쳐서 밤낮없이 오로지 가라테에 매달려 지냈기 때문이다. 아들은 공부는 뒷전이었고 아침 연습, 점심 연습, 방과 후 연습에 몰두했다. 심지어 하교 후에도 가라테 도장에 가기 바빴다. '언젠가 합격은 하겠지'라고 생각했지만 설마 두 번 만에 붙으리라고는 상상하지도 못했다.

아들이 수의사가 되겠다고 처음 말을 꺼낸 것은 초등학교 6학년 때였다. 그 후로 몇 년이 지나 고등학교 3학년 때 또다시 수의사가 되고 싶다고 말을 꺼냈는데 나는 그 자리에서 반대했다. 왜냐하면 일본의 수의학과에서는 살아있는 동물을 실험에 사용하고 있었기 때문이다. 이는 동물을 좋아하는 아들에게는 힘든 경험일 테고, 나 역시 아무 죄도 없는 동물의 생명을 빼앗는 일을 하지 않았으면 하는 바람이었다. 내가 걱정을 솔직하게 털어놓자 아들은 "그렇다면 조금만 더 생각해 볼게요"라고 대답했다.

하지만 반년 후 아들은 "그래도 역시 수의사가 되고 싶어요"라며 단호한 어조로 말했다. 그래서 굳은 결심을 세운 듯한 아들을 보며 '언젠가 합격하겠구나'라고 생각은 했지만 3년이라는 '공백'이 있었던 만큼 공부를 따라잡는 데도 최소한 그만큼의 시간은 걸릴 것으로 예상했다. 게다가 당시 아들에게는 안 좋은 상황까지 겹쳤기 때문이다.

당시는 내가 심리치료사 양성 스쿨을 세운 지 얼마 안 됐을 때였다. 그래서 어쩔 수 없이 집을 비우는 일이 잦았고, 재수 생활을 하던 아들에게 여섯 마리의 반려 동물을 봐달라는 부탁을 하기 일쑤였다. 문제는 그중에 암컷 골드리트리버가 암에 걸려 긴 투병생활이 시작됐다는 것이다. 결국 자리를 비울 수밖에 없었던 나를 대신해 아들은 재수 학원까지 잠시 휴학하고 집에서 공부하며 하루 종일 다른 반려 동물들을 돌보고, 노견까지 간호하면서 입시 준비를 할 수밖에 없었다.

노견의 암은 빠르게 진행되었다. 안타깝게도 화장실은 물론 혼자 물을 마시는 것조차 불가능했다. 그런데도 아들은 입시가 얼마

남지 않은 상황에서도 불평 한마디 하지 않고 묵묵히 공부하면서 정성껏 노견을 간호했다. 노견이 숨을 거둘 때까지 손을 놓지 않았다. 이런 악조건 속에서도 이듬해에 수의학과에 합격했던 것이다.

내 아들이 이렇게 열심히 노력할 수 있었던 것은 아마도 두 가지 이유 때문이었던 같다. 하나는 가라테를 통해 다진 선후배와의 인간관계와 정신력, 다른 하나는 형제 같은 반려 동물에 대한 애정이다. 보통의 입시생 생활과는 달랐지만 운동을 통해 배운 인간관계와 정신력, 그리고 동물에 대한 애정이 아들에게 '쉽게 포기하지 않는 강인함의 씨앗'이 된 것이다.

현재 수의사가 된 아들은 밤낮을 가리지 않고 동물 종양에 대한 연구에 매진하고 있다.

“

꿈을 꿈으로 끝내버리는 사람은 그저 그렇게 되길 바랄 뿐이다.
한편 꿈을 이루는 사람은 자신을 관리하며 한 발씩 앞으로 나아간다.
만일 목표에 계획성이 없다면 그것은 단순한 바람일 뿐이다.
그러니 남자아이의 잠재의식에 꿈을 이루는
'자기 관리의 씨앗'을 심어주도록 하자.

”

성공의 씨앗 6

남자아이의 잠재의식에 슬며시 '자기 관리의 씨앗'을 심는다

절대 심어서는 안 되는 '실패의 씨앗'

'안절부절못하거나 항상 계획을 지키지 못한다', '해야 할 일을 뒤로 미루고 술과 담배를 조절하지 못한다', '주변을 정리정돈하지 못하고 낭비만 한다' 등등 사고와 감정, 행동을 컨트롤하지 못하는 것은 본인의 인생을 관리하지 못하는 것과 같다. 이는 마치 인생의 고삐를 다른 사람에게 넘겨주는 꼴이다.

여기서는 자신을 관리하지 못하는 '실패의 씨앗'이 어떻게 심기는지에 대해서 알아본다.

① 자녀의 고집, 억지에 부모가 지고 만다

"싫어! 싫어! 싫다니까!"

마사오는 오늘도 슈퍼마켓에서 떼를 쓴다. 뽑기 놀이가 하고 싶어 안달이 났기 때문이다. 결국 마사오의 엄마는 여느 때처럼 어쩔 수 없이 지갑에서 100엔을 꺼내며 이렇게 말하고 만다.

“딱 한 번만 하기로 했잖니? 아휴 참, 너를 어쩜 좋으니? 이번 한 번만이야!”

→ 아이가 울거나 화내거나 조르는 등 억지를 부릴 때 부모가 힘에 부쳐서 요구를 들어주면 ‘내 뜻대로 하고 싶을 때는 울거나 화내거나 조르면 뭐든지 다 된다’는 ‘실패의 씨앗’이 심기고 만다.

이런 아이는 커서 일이 뜻대로 되지 않으면 안절부절못하거나 주변 사람들의 동정을 사서 책임을 회피하려는, 즉 타인을 이용하는 인간이 되고 만다.

② 부모의 말과 행동에 일관성이 없다

"겐스케, 어서 씻어라."

"어제는 숙제 다하고 씻으라고 했잖아요?"

"어제는 어제고, 오늘은 오늘이야!"

→ 어제 잘했다고 칭찬했던 일을 오늘은 안 된다고 하거나, 동생(혹은 다른 형제)은 혼내지 않았던 일로 혼내는 등 부모의 말과 행동에 일관성이 없으면 '사람의 기분과 규칙은 언제 바뀔지 모르니 믿을 게 못 된다'는 '실패의 씨앗'을 심게 된다.

이런 아이는 커서 규칙과 규율을 지키지 않거나 약속을 깨는 사람이 된다.

③ 자녀에게 생긴 문제를 모른 체하거나 방치한다

요즘 다이스케의 누나는 다이어트 중이라 밥을 잘 먹지 않는다. 그래서 점점 살이 빠지고 있다. 담임선생님이 걱정이 돼서 집으로 전화를 걸었는데, 다이스케의 엄마는 '참 걱정도 팔자야. 여자애들은 다이어트하는 시기가 있는데 말이야'라며 대수롭지 않게 여길 뿐이었다. 그리고 다이스케의 아빠는 회사 일이 바빠 딸이 갑자기 10킬로그램이나 몸무게가 빠진지 전혀 눈치 채지 못한다.

→ 부모가 집에서 어떤 문제가 일어나고 있는지, 그 문제가 얼마나 중요한지를 눈치 채지 못하거나 눈치를 챘더라도 해결할 방법이 없다고 방치하면, 자녀의 잠재의식에 '곤란한 일이나 알고

싶지 않은 일은 그냥 모른 척하는 것이 제일이다'라는 '실패의 씨앗'을 심게 된다.

이런 환경에서 자란 아이는 문제 자체를 부인하거나 중요성을 무시하는 등 문제 해결 능력이 낮은 사람이 된다.

④ 부모가 단정하지 못하고 계획성도 없고 일을 뒤로 미루는 습관이 있다

다카히로의 엄마는 툭하면 밤늦게까지 외국 드라마를 보다 아침에 늦게 일어난다. 빨래는 잘하지만 청소를 싫어해서 항상 바닥과 탁자 위에는 물건이 쌓여 있다.

→ 부모가 아무리 외모를 멋스럽게 꾸며도 정리정돈을 못해서 집이 지저분하거나 TV, 만화, 게임, 취미 등을 즐기는 시간을 조

절하지 못하면, 자녀의 잠재의식에는 '하고 싶은 일은 마음껏 세월아 네월아 해도 된다'는 '실패의 씨앗'이 심긴다.

이런 아이는 커서 해야 할 일을 하지 않고 뒤로 미루는 사람이 되기 쉽다.

⑤ 부모에게 의존증이 있다

쇼타의 아빠는 자상하지만 술만 마시면 큰 소리를 지르거나 엄마에게 심하게 화를 낸다. 또한 불평, 불만, 설교를 늘어놓는다. 그래서 쇼타의 엄마는 항상 인터넷 쇼핑을 하면서 스트레스를 푼다.

→ 부모가 술과 담배, 쇼핑, 스마트폰, 인터넷, 운세, 과식 등 뭔가에 의존적인 모습을 보이면 아이의 잠재의식에 '지쳤을 때나 스트레스 받을 때는 어떤 자극을 통해서 그 감각을 마비시키면 된다'는 '실패의 씨앗'을 심게 된다.

술과 약물 등 일반적으로 잘 알려진 중독 현상을 포함해 일이나 운동을 과도하게 하는 것도 일종의 의존증이다. 부모가 의존증을 앓고 있는 아이는 훗날 어른이 되어서 의존증을 앓게 될 가능성이 높다.

⑥ 자녀에게 휴식 시간을 주지 않는다

변호사를 목표로 공부하는 가쓰노리는 아빠와 마찬가지로 쉬는 날이 없다. 변호사인 아빠와 매일 두 시간씩 공부하기로 약속했기 때문이다. 이외에도 입시 학원, 수영, 피아노에 영어 회화까지 스케줄이 꽉 차서 토, 일요일에도 쉴 수 없다.

→ 미래를 위해서라며 자녀에게 쉴 틈도 주지 않고 공부만 시키면 '인생은 고달프다. 즐거운 일이 하나도 없다'는 '실패의 씨앗'을 심게 된다.

이런 경우 빠르면 고등학생 또는 대학생 때 아이가 지쳐서 나가떨어질 위험성이 있다. 심한 경우에는 우울증이나 신경증을 앓을 수도 있다. 이렇게 되면 뭔가 하고자 하는 의욕이 사라져 꿈을 실현하기조차 힘들어진다.

⑦ 부모가 감정에 휘둘린다

오사무와 엄마는 아빠가 언제 화를 낼지 눈치를 보며 불안해한다. 오사무의 아빠는 기분이 좋을 때라도 만일 마음에 들지 않는 일이 생기면 불같이 화를 낸다. 심지어 레스토랑에 가서도 점원에게 호통을 치기도 한다.

→ 부모가 분노를 조절하지 못하거나 자주 눈물을 흘리고 우울해하는 등 본인의 감정에 휘둘리기 쉬운 타입이면 자녀의 잠재의식에 '스트레스 받을 때는 일단 분노를 표출하거나 우는 방법으로 넘길 수밖에 없다'는 '실패의 씨앗'을 심게 된다.

이런 아이는 훗날 스트레스가 쌓이거나 문제가 생겼을 때 본인의 감정을 적절하게 조절하지 못하고 주변에 폐를 끼치는 어른이 될 수 있다.

부모 스스로 감정과 사고, 행동을 컨트롤하지 못하거나 나쁜 습관을 고치지 못하고 뒤로 미루기를 좋아하는 사람일 경우, 이런 부모의 모습을 보고 자란 아이의 잠재의식에는 자기 관리를 못하는 '실패의 씨앗'이 자란다.

이런 아이는 어른이 되어서 자신의 부모와 닮은꼴로 나쁜 습관을 고치지 못하거나 의존증을 앓기 쉽다. 그러니 지금 당장 자신에게 고쳐야 할 나쁜 점이 없는지 찬찬히 점검해 보길 바란다.

일곱 가지 '자기 관리의 씨앗'

아무리 훌륭한 능력과 실력을 갖추고 있어도 적시에 발휘할 수 없다면 성공을 손에 넣을 수 없다. 남들보다 뛰어난 성취를 이루는 사람은 조금이라도 더 노력해서 분발하려는 의욕과 지속력을 지니고 있다. 이런 능력의 원천이 바로 '자기 관리의 힘'이다.

남자아이의 인생을 성공으로 이끄는 '자기 관리의 씨앗'에는 다음과 같은 것들이 있다.

① 규칙적인 생활을 한다

'자기 관리의 씨앗' 중에서 제일 중요한 게 아침 일찍 일어나는 습관이다. 아이가 건강하게 자라려면 잘 자야 한다. 수면 부족은 신체 성장을 저해할 뿐만 아니라, 정신의 안정까지 위협할 수 있다. 초등학생 때는 적어도 8~10시간 정도의 수면 시간을 확보해 줘야 한다. 내 경우에는 아이들을 초등학교 6학년 때까지 저녁 9시에 재워서 아침 7시에 깨웠다. 공부 때문에 밤을 새우게 하는 것은 좋지 않다.

또한 아침 식사를 꼭 챙기고 저녁에는 가족과 대화를 나누며 즐겁게 식사하는 것이 좋다. 매일은 힘들겠지만 적어도 일주일에 세 번 이상은 가족이 한자리에 모여 이야기를 나누며 식사를 해보자.

매일의 규칙적인 생활 리듬과 건전한 식사, 그리고 충분한 수면은 자녀의 심신에 건강과 안정을 가져다주는 '자기 관리의 씨앗'이 된다.

② 집에서 구성원 각자의 역할을 정한다

자녀의 연령에 맞춰서 집에서 해야 할 역할을 정해주는 것이 좋다. 단, 연령에 맞지 않는 부담을 줘서는 안 된다. 가령 초등학교 저학년 자녀에게 반려 동물을 산책시키거나 어린 동생을 돌보게 하는 것은 바람직하지 않다. 다자녀 가정의 경우 어린 동생을 돌보는 일은 원래 부모의 역할이다. 이 역할을 형(오빠), 누나(언니)라는 이유로 아이에게 책임을 지워서는 안 된다.

현관 청소나 탁자 정리 등 연령에 맞게 집안일을 돕도록 역할을 정했다면, 불필요한 잔소리는 일절 삼가고 자녀에게 일임한다. 만일 자녀가 역할을 하지 않더라도 그대로 내버려 둔다. "아무리 기다려도 탁자를 정리하지 않으니까 엄마가 했잖니?"라며 부모가 대신 그 역할을 해서는 안 된다. "탁자 정리가 끝나면 말해줘"라며 계속 기다리는 것이다. 그러면 아이는 '자기가 해야 할 일은 빨리 하는 편이 낫다'고 생각하게 된다.

부모가 자녀에게 역할을 정해주고 자녀를 믿고 지켜보면, 아이의 잠재의식에 책임감과 자발심이라는 '성공의 씨앗'을 심을 수 있다.

③ 집중력을 키우는 동시에 휴식을 취하는 방법을 가르친다

공부나 악기 연습 등 반복이 필요한 작업과 정리 정돈 등은 반드시 스톱워치를 사용해서 시간을 재는 것이 좋다. 시간은 '짧게' 잡는 것이 포인트다. 초등학생이라면 1학년은 15분, 2학년은 20분

정도면 충분하다. “자, 시작!” 하고 게임을 한다는 느낌으로 공부를 시키면 자녀에게 ‘집중력의 씨앗’을 심을 수 있다. 포인트는 ‘시간이 다 되면 반드시 멈추게 하는 것’이다.

또한 공부나 학원에서의 공부, 집안일 돕기 등이 끝나면 자녀와 함께 간식을 먹으면서 이야기를 나누거나 음악을 듣는 등 휴식 시간을 10분 정도 갖는 것이 좋다.

이렇게 하면 아이의 잠재의식에 ‘해야 할 때는 하고, 쉴 때는 쉰다’는 ‘성공의 씨앗’을 심을 수 있다.

④ 지속성의 장점을 알려준다

어떤 특정 분야의 전문가가 되려면 최소한 1만 시간 정도의 훈련이 필요하다는 ‘1만 시간의 법칙’이 있다. 실제로 젊은 나이에 세계를 무대로 활약하는 아티스트를 보면 어린 시절부터 그 정도의 연습 시간을 투자했다. 장래에 무엇이 될지는 차치하더라도 어떤 영역에서 전문가가 되려면 하루하루 열심히 노력하고 실력을 쌓는 지속성이 매우 중요하다.

자녀에게 이런 지속력을 길러주려면 뭔가를 계속해서 쌓아나가는 기쁨을 깨닫게 해야 한다. 이를테면 ‘집안일을 도와주면 스티커를 한 장 준다’, ‘스티커를 다 모으면 놀이동산에 놀러갈 수 있다’ 같은 약속으로 노력과 결과를 연관 짓는 것이다.

이렇게 하면 아이의 잠재의식에 ‘뭔가를 조금씩 쌓아나가면 나중에 좋은 일이 있다'는 '성공의 씨앗'을 심을 수 있다.

⑤ 끝까지 혼자 하도록 놔둔다

숙제, 공부, 놀이 등을 부모가 옆에서 도와주거나 직접 해주면 아이는 혼자서 마무리할 줄 모르게 된다. 설령 서툴더라도 혹은 어중간하더라도 자녀가 혼자서 끝까지 하도록 놔두자.

또한 아침에 깨워주거나 준비물을 챙겨주는 것도 삼가자. 지각하거나 준비물을 잊어버려서 선생님께 창피를 당해봐야 비로소 '혼자 할 수 있는 일은 혼자 해야 한다'는 것을 배울 수 있다. 그리고 자녀에게 매일 부담이 적은 집안일이나 과제를 내주고 끝까지 하도록 연습시키는 것도 효과적이다.

이러면 아이의 잠재의식에 '일을 끝까지 잘 마무리하면 기분이 좋다'는 '성취감의 씨앗'을 심을 수 있다.

⑥ 계획성을 길러준다

큰 목표를 달성하려면 여러 개의 작은 목표를 설정해서 하나씩 하나씩 이뤄나가면 된다. 실제로 계획을 잘 지키지 못하는 원인은 큰 목표를 단숨에 이루려는 데 있다. 그렇다면 자녀에게 어떻게 하면 계획성을 길러줄 수 있을까?

부모가 몸소 1년간 혹은 1개월간의 목표와 계획표를 짜서 항상 눈에 띄는 곳에 붙여두는 방법을 추천한다. 그리고 '해야 할 일(TO

DO LIST)'에 순번을 매긴 메모를 냉장고에 붙여두는 것이다. 이러면 자녀의 잠재의식에 '해야 할 일은 계획을 세워서 한다'는 '성공의 씨앗'을 심을 수 있다. 꼭 한번 시도해보길 바란다.

⑦ 자기 관리를 잘하게 되는 '언어의 씨앗'

일상에서 주고받는 대화를 통해서 남자아이의 잠재의식에 슬며시 '자기 관리의 씨앗'을 심는다.

"아빠의 올해 목표는 토익 600점을 따는 거야. 그래서 매일 10분씩 영어 듣기 공부를 할 거란다."

"아휴, 1년 전부터 매일 5분씩 노력했다면 지금 이렇게 고생하지 않을 텐데…."

"3개월 후의 멋진 모습을 위해서 매일 복근 운동을 50회씩 할 거야!"

'금세 화를 낸다', '뒤로 잘 미룬다', '○○에 의지하는 의존증에서 벗어나지 못한다' 등 자기 관리에 게으른 사람은 뜻대로 인생이 풀리지 않는다. 하지만 자신의 기분과 감정을 컨트롤하고, 우호적인 인간관계를 쌓고, 좋은 습관을 기를 수 있다면, 인생은 자기 뜻대로 움직이기 마련이다.

남자아이의 경우는 사회나 가정에서 바라는 기대가 커서 스트레스 강도가 높은 생활을 할 가능성이 높다. 이때 '자기 관리의 씨앗'은 남자아이의 심신을 지킬 뿐만 아니라, 자기답게 보람찬 인생을 보낼 수 있도록 하는 소중한 씨앗이 된다.

'자기 관리의 씨앗'을 기르는 "만약에?"라는 질문

"만약에?"로 시작하는 질문은 아이의 잠재의식을 자극할 수 있다. 또한 부모와 자식이 이런저런 대화를 나눔으로써 유대감이 깊어진다.

자, "만약에?"라는 질문을 통해서 남자아이의 잠재의식에 슬며시 '자기 관리의 씨앗'을 심어보자.

1. 만약에 당신에게만 특별히 하루가 25시간이라면 남들보다 더 주어진 1시간 동안 무엇을 하겠는가?

2. 만약에 매일 좋아하는 것만 먹을 수 있는데 마흔 살에 큰 병에 걸릴지도 모른다. 반대로 매일 싫어하는 것만 먹으면 백 살까지 살 수 있다. 당신은 어느 쪽을 선택할 것인가?

1. 만약에 당신에게만 특별히 하루가 25시간이라면 남들보다 더 주어진 1시간 동안 무엇을 하겠는가?

하루에 쓸 수 있는 시간이 1시간 더 늘어난다면 어떤 기분일까? 누구나 시험 전에 '조금만 더 시간이 있다면…' 하고 생각한 적이 있을 것이다. 이 질문을 통해서는 자녀에게 '시간을 활용하는 방법'에 대해서 생각하도록 하는 효과가 있다. 또한 자녀의 잠재의식에 '시간의 소중함과 효율성, 계획성의 씨앗'을 심을 수 있다.

만약에 자녀가 "더 자고 싶어요!"라고 말한다면 몸과 마음이 조금은 지쳐 있을 가능성이 있다. 이때는 부모가 "그럼 일단 30분은 자고 10분은 영어, 10분은 스트레칭, 10분은 얼굴에 팩을 하자" 같은 말로 더 주어진 1시간을 분할해서 활용할 수 있도록 이끄는 게 좋다.

그러면 아이의 잠재의식에 '시간을 좀 더 계획적으로 써야 겠다'는 '성공의 씨앗'을 심을 수 있다.

2. 만약에 매일 좋아하는 것만 먹을 수 있는데 마흔 살에 큰 병에 걸릴지도 모른다. 반대로 매일 싫어하는 것만 먹으면 백 살까지 살 수 있다. 당신은 어느 쪽을 선택할 것인가?

이 질문은 극단적인 식생활과 그로 인해 생긴 결과를 상상해봄으로써 '자신의 몸과 마음의 균형을 소중하게 생각하는 씨앗'을 심을 수 있다.

만약에 자녀가 "당근, 양파만 먹어야 한다면 매일 햄버거, 튀김만 먹다가 일찍 죽는 게 나아요"라고 답한다면 "그럼 아빠는 내일이면 죽겠네?"라며 농담을 섞어가며 현실적인 대안을 제시해보자. 또는 "아빠라면 싫어하는 것만 먹더라도 가족을 위해서 백 살까지 살래"라고 말해보는 것도 좋다.

자녀의 장래에 가장 유익한 '선행 투자'란?

나는 직업상 지금까지 수많은 부모들의 육아 상담을 해오며 다음과 같은 질문을 들어왔다.

"어떻게 하면 아이가 스스로 공부를 할까요?"

"아침에 애가 못 일어나는데 어쩌면 좋죠?"

"아이가 약속을 지키지 않아요."

"저희 애는 금세 화를 내요."

"낭비벽이 심해서 큰일이에요."

이렇듯 부모는 아이가 자기 뜻대로 되지 않아 걱정이 마를 날이 없다. 하지만 잘 생각해보자. 이는 당연한 일이다. 어른들조차 다음과 같이 뜻대로 되지 않는 자신을 주체하지 못한다.

"해야 할 일을 자꾸 뒤로 미루게 돼요."
"매일 늦게 자서 아침에 일찍 일어나기가 힘들어요."
"일이 바빠서 아이와 한 약속을 지키지 못합니다."
"욱하는 성격 탓에 부하에게 막 퍼붓게 돼요."
"낭비벽이 심해서 저축을 못해요."

그런데 나는 상담을 하면서 일과 가정에 충실하면서 경제적, 정신적으로 풍요로운 삶을 사는 행복한 사람들에게는 공통점이 있다는 사실을 깨달았다.

바로 자신을 관리하고 컨트롤하는 능력에 탁월하다는 점이다.

자신의 감정과 행동, 시간, 인간관계를 컨트롤할 수 있다는 것은 인생을 자기 뜻대로 컨트롤할 수 있다는 것이다. 실제로 성공적인 삶을 손에 넣은 이들은 남들보다 잠재의식을 활용하는 데 훨씬 뛰어나다. 이들의 잠재의식에는 자신의 감정과 사고를 능숙하게 움직여 자기 뜻대로 행동하게 만드는 씨앗이 자라고 있다.

참고로 이들은 두 가지 타입으로 나눌 수 있다. 하나는 어른이 되어서 본인이 의식적으로 '자기 관리의 씨앗'을 심었거나 나처럼 잠재의식을 다루는 전문 치료사의 도움을 받은 사람들이다. 다른 하나는 어린 시절에 부모가 그런 씨앗을 심어준 사람들이다. 특히 후자의 경우 수월하게 자신을 컨트롤해서 성공을 손에 넣을 수 있다.

그러니 자녀의 미래를 위해서 학원만 열심히 보낼 것이 아니라, 자녀의 잠재의식에 '자기 관리의 씨앗'을 심어주는 것이 결과적으로 더 큰 의미가 있다고 할 수 있다. 지금까지의 내용을 참고로 당신도 '자기 관리의 씨앗'을 자녀의 잠재의식에 심어주는 '선행 투자'를 해보는 것은 어떨까?

"

돈으로 행복을 살 수는 없지만 불행을 피할 수는 있다.

물론 돈이 인생의 전부는 아니다.

하지만 돈을 잘 버는 것은 남자아이가

자신을 자신 있게 표현하는 방법 중 하나인 것 또한 사실이다.

돈으로 인생을 풍요롭게 할 수 있으니 좋고, 사회에 기부할 수 있으니 좋고,

가족을 행복하게 할 수 있으니 좋지 않은가?

자신이 번 돈으로 소중한 사람들의 인생의 가능성을 넓힐 수 있는 기쁨 또한

남자가 아니고서는 느낄 수 없는 감정이다.

"

성공의 씨앗 7

남자아이의 잠재의식에 슬며시 '돈을 잘 버는 씨앗'을 심는다

절대로 심어서는 안 되는 '실패의 씨앗'

우리는 어린 시절에 돈에 대한 가치관이 정립된다. 이때 정립된 가치관에 따라서 돈과 친하게 지내는 인생을 보내느냐, 아니면 돈과 원수로 지내는 인생을 보내느냐가 결정된다.

돈과 원수로 지낸다는 것은 돈과 싸우는 것을 의미한다. 돈이 없어서 포기해야 하는 꿈과 희망의 대가는 너무나도 크다. 여기서는 돈과 관련된 '실패의 씨앗'에 대해서 살펴보도록 하자.

① 아이에게 돈에 대한 자책감(죄악감)을 심는다

슈헤이의 아빠는 "괜히 돈을 많이 가지고 있으면 사람만 망가진단다. 마음도 더러워지고. 그러니 먹고살 만큼만 벌면 돼"라고 말한다. 슈헤이의 엄마도 이렇게 말한다.

"맞아. 돈이 많으면 가족이 뿔뿔이 헤어지거나 남들의 시기와 질투를 사게 되지. 그리고 인생에서 소중한 게 뭔지도 몰라. 중요한 건 마음이야."

→ 부모가 '돈은 사람을 불행하게 만든다', '돈은 더럽다' 등의 편견을 가지고 있으면, 아이의 잠재의식에 '돈을 많이 갖는 것은 위험하다'는 '실패의 씨앗'을 심게 된다. 이런 아이는 커서 무의식적으로 '돈은 생활하는 데 필요한 만큼만 벌면 된다'고 생각한다.

② 부모가 구두쇠라 돈 쓰는 법을 모른다

히로미치의 아빠는 어린 시절에 너무나도 가난했다. 그래서 일단 돈이 생기면 저축하고 절대로 쓰지 않는다. 사치는 적이고, 될 수 있으면 저축을 하라고 강조하며 먹을 것, 입을 것, 필기용품, 책 등 최소한으로 필요한 것만 히로미치에게 사준다.

→ 부모가 무조건 '돈은 쓰는 것이 아니라 모으는 것이다'라고 가르치면 자녀의 잠재의식에 '돈을 쓰는 것은 나쁜 행위다'라는 '실패의 씨앗'이 심긴다. 이런 아이는 어른이 되어서도 어떤 보람도 느끼지 못하고 그저 돈을 얻기 위해서 일을 할 뿐이다.

그런데 아무리 돈을 벌어도 버는 즐거움을 모르면 그 인생은 공허할 뿐이다. 또한 가족을 위해서 돈을 쓰지 않으면 도대체 뭘 위해서 돈을 버는 것인지 그 의미조차 사라지고 만다. 게다가 돈이 줄어드는 것에 대한 극도의 위기감에 투자도 과감하게 하지 못한다. 그러니 필연적으로 돈을 많이 벌 수 있는 가능성도 낮아질 수밖에 없다.

③ 부모가 항상 돈 때문에 싸운다

기이치의 부모는 항상 돈 때문에 부부 싸움을 한다. 아빠도 열심히 일하고 엄마도 파트타이머로 열심히 일하지만, 매일 돈이 모자라 엄마는 한숨을 쉰다.

→ 부모가 돈 버는 능력이 모자라 항상 돈으로 고생하는 모습을 보이면 자녀는 돈이 부모를 괴롭힌다고 착각한다. 그러면 아이의 잠재의식에는 다음과 같은 두 가지의 씨앗이 심긴다.

하나는 '어떡해서든 돈을 많이 벌어서 효도하고 싶다. 그리고 세상에 복수하고 싶다'는 씨앗이다. 이는 '부모를 힘들게 하는 세상을 상대로 돈으로 복수하겠다'는 '실패의 씨앗'이다. 이런 씨앗이 심긴 아이는 훗날 돈을 많이 벌게 되면 벼락부자처럼 남에게 과시하거나 돈의 힘을 빌려서 권력을 휘두를 가능성이 높다.

다른 하나는 '아등바등 일해도 어차피 고생할 거라면 차라리 일을 하지 않는 편이 낫다'는 '실패의 씨앗'이다. 이 씨앗이 자녀의 잠재의식에 심기면 평생 정규직으로 취직하지 못하거나 애인 또는 아내에게 빌붙어 사는 무력한 어른이 될 가능성이 높다.

④ 자녀가 '갖고 싶다'고 말하기 전에 사준다

엄마가 "뭐가 갖고 싶니?"라고 물어도 사부로타는 생일에도 크리스마스에도 받고 싶은 선물이 도통 떠오르지 않는다.

→ 자녀가 갖고 싶다고 말하기 전이나 갖고 싶다고 말했을 때 곧바로 사주면 '갖고 싶은 것은 바로 손에 넣을 수 있고 금세 질리는 것이 당연하다'는 '실패의 씨앗'을 심게 된다. 이런 아이는 커서 물욕도 출세욕도 없는 무능한 남자가 될 수 있다.

물론 친구들 대부분이 갖고 있는 물건을 사주지 않으면 신경질적인 아이가 될 수 있지만, 부모가 뭐든지 미리 다 사주는 것은 좋지 않다.

⑤ 부모가 돈을 헤프게 쓴다

후미야의 가족은 매년 해외여행을 떠난다. 엄마가 여행을 좋아하기 때문이다. 후미야네 자동차는 고급 승용차다. 아빠가 자동차를 좋아하기 때문이다.

그런데 후미야의 집에는 모아놓은 돈이 없다. 때때로 할머니가 돈을 빌려주는데 이때 뭐라고 나무라면 후미야의 엄마는 "후미야가 창피하지 않았으면 좋겠어요. 좋은 것만 해주고 싶어요"라고 대답한다.

→ 부모가 허영에 젖어 돈을 헤프게 쓰거나 남에게 돈을 빌리는 등 계획성이 없으면 아이의 잠재의식에 '돈은 있으면 그냥 써도 된다. 나중에 어떡하든 된다'는 '실패의 씨앗'이 심긴다.

이런 아이는 커서 부모와 마찬가지로 계획성 없이 돈을 쓰고 빌린다. 경우에 따라서는 무모한 사업에 손을 대서 개인 파산에 이르는 등 자신은 물론, 가족과 친한 지인의 인생에까지 피해를 입힐 수도 있다.

⑥ '우리 애만 괜찮으면 된다'는 이기적인 생각을 한다

다케시의 엄마는 "감기 걸린 친구 옆에는 가까이 가면 안 돼" 또는 "따돌림 당하는 친구하고는 친하게 지내지 마"라고 잔소리한다.

→ 자식에 대한 지나친 사랑으로 '우리 애만 괜찮으면 된다'는 이기적인 생각을 드러내면 아이의 잠재의식에 '나만 안전하면

된다. 남이야 어떻게 되든 상관없다. 성공을 위해서라면 다른 사람을 짓밟아도 된다'는 '실패의 씨앗'이 자란다.

사회에 진출해 성공하고 돈을 벌려면 다른 사람과 협력해야 한다. 그런데 이런 실패의 씨앗이 심긴 아이는 남을 따돌려 앞지르거나 자기 혼자만 이기면 된다는 생각에 결국 크게 성공하지 못한다.

⑦ 이유 불문하고 안정된 삶을 강요한다

마사키의 부모는 항상 "공무원이 최고야. 무엇보다 안정적이고 노후 걱정을 안 해도 되니까"라고 말한다.

→ 부모가 '안정, 편안함이 최우선'이라고 가르치면 아이의 잠재의식에는 '위험한 도전은 관두자. 분수에 맞지 않는 돈은 필요 없다'는 '실패의 씨앗'이 심긴다.

이런 아이는 커서 무엇을 선택하든 위험을 무릅쓰려 하지 않는다. 그만큼 큰 실패는 없지만 큰 성공도 없는 그저 그런 인생을 살게 된다.

부모가 돈 버는 능력이 떨어지거나 돈에 대한 편견, 허영심, 이기심 같은 잘못된 가치관을 가지고 있으면 자녀의 잠재의식에 '실패의 씨앗'을 심는다. 돈과 잘 지내지 못하는 씨앗이 심긴 아이는 인생을 살면서 이런저런 상황에서 돈으로 고생하거나 농락당할 수 있다.

일곱 가지 '돈을 잘 버는 씨앗'

우리의 인생에는 당연히 돈보다 중요한 것이 많다. 그렇지만 돈은 더러운 것도 아니요, 불행을 초래하지도 않는다.

문제는 돈을 쓰는 방법에 있다. 이 방법만 틀리지 않으면 돈은 우리의 인생에 행복과 풍요로움, 가능성을 가져다주는 멋진 것이다. 또한 아름다움과 애교가 여자아이의 자신감의 원천이라면, 돈을 잘 버는 능력은 남자아이의 자신감의 원천이다.

그러니 남자아이에게 '자신감의 씨앗'을 하나라도 더 심어주는 것이 좋지 않겠는가?

① 독창성과 전문성을 길러준다

다른 사람보다 더 많은 돈을 벌려면 남들과 똑같이 행동해서는 안 된다. 반짝반짝 빛나는 독창성과 가치 높은 전문성을 겸비해야 한다.

자녀에게 남들과 다른 시각과 감성을 길러주고 싶다면 어렸을 때부터 다양한 것을 경험하게 해야 한다. 이를 테면 캠프나 여행, 자원 봉사, 홈스테이 등을 보내는 것이다. 또는 퀴즈나 수수께끼, 추리게임을 풀게 하거나 때로는 부모가 일부러 자녀를 곤란한 상황에 빠뜨리는 것도 '발상 능력을 기르는 씨앗'이 된다.

② '돈을 부르는 소비 방법'을 가르친다

미래를 위해서 저축은 무척 중요하지만, 사실 돈은 쓰려고 있는 것이다. 그러나 단순히 '갖고 싶다'는 이유로 물건을 사는 것은 현명한 소비라 할 수 없다. 그래서 내가 추천하는 방법이 있다. 바로 '체험을 사는 것'이다.

사람은 '물건'을 사면 80퍼센트 이상의 확률로 후회한다고 한다. 그런데 '체험'을 사면 80퍼센트 이상의 확률로 만족해한다고 한다. 물건은 구입하자마자 곧바로 가치가 떨어지는 반면, 체험은 썩지 않고 훗날 몇 배의 이익을 창출하는 최고의 자기 투자이기 때문이다.

부모가 물건이 아니라 뭔가를 배우거나 자격증을 따거나 여행을 떠나는 등 자기 투자를 위해 소비하는 모습을 보이면 자녀의 잠재의식에 '돈을 부르는 소비 방법'을 키우는 씨앗을 심을 수 있다.

③ 돈이 없는 인생의 실상을 알려준다

자녀에게 '돈이 아니라 마음이 중요하다'고 가르치고 사회의 좋은 면만 보여주면, 정작 사회로 나갔을 때에 험난한 현실을 맞닥뜨리고 절망할 수도 있다. 그래서 자녀에게 돈이 없으면 어떤 일이 일어나는지에 대해서도 일러줘야 한다. 자녀에게 『레미제라블(Les Miserables)』 등을 읽게 해서 가난이 초래하는 비참함과 슬픔을 간접적으로 알려주는 것도 좋다. 이는 돈과 행복을 연결 짓는 '성공의 씨앗'이 된다.

④ 기회가 있을 때마다 '커서 뭐가 되고 싶은지'를 묻는다

나는 아이들이 유치원에 다닐 때부터 항상 "어른이 되면 어떤 일을 하고 싶어?"라고 물었다. 이 질문은 아이의 잠재의식에 '언젠가는 나도 일을 해서 먹고 살아야 한다'는 자각을 심어준다.

나는 또한 외출을 하거나 텔레비전을 보면서 다양한 직업에 대해서 아이들과 이야기를 나눴다. 이는 '일하는 보람을 느끼고 돈을 버는 데 유리한 직업을 갖고 싶다'는 생각을 아이의 잠재의식에 심을 수 있는 효과적인 방법이다.

⑤ 누군가를 위해서 돈을 버는 즐거움을 가르친다

사람은 자신을 위해서 돈을 쓰는 것보다 다른 사람을 위해서 돈을 쓸 때 더 큰 행복을 느낀다.

행복은 의욕을 강하게 자극한다. 자녀 앞에서 아빠의 월급날에 "여보, 돈 버느라 수고했어요! 당신이 열심히 일해서 우리가 맛있는 음식을 먹을 수 있어요!"라며 감사의 마음을 표현해 보자. 그러면 자녀에게 '일을 해서 돈을 벌면 소중한 가족을 지킬 수 있다'는 '성공의 씨앗'을 심을 수 있다.

⑥ 용돈을 주고 자유롭게 쓰게 한다

초등학생이 되면 자녀에게 용돈을 줘야 한다. 그리고 자녀가 용돈을 어디에 어떻게 쓸지는 자유에 맡기는 것이 좋다.

단, 아이가 용돈이 부족하다며 더 달라고 할 때 쉽게 주는 것은 금물이다. 사정을 들어보고 꼭 필요하다고 판단됐을 때는 "다음 달 용돈을 미리 주는 거야"라고 말하고 주는 것이 좋다. 그래야 아이의 잠재의식에 '잘 생각해서 돈을 써야 한다. 그렇지 않으면 후회한다'는 '성공의 씨앗'을 심을 수 있다.

또한 어린이용 투자 게임 같은 놀이를 통해서 돈을 운용하고 인생 계획 시뮬레이션을 경험해 보도록 하는 것도 '위험 분산'을 배우고 '계획성', '창업 야심'을 키우는 '성공의 씨앗'을 심을 수 있다.

⑦ 돈을 많이 벌게 되는 '언어의 씨앗'

일상에서 주고받는 대화를 통해서 남자아이의 잠재의식에 슬며시 '돈을 잘 버는 씨앗'을 심는다.

"만약에 커서 가게를 한다면 어떤 가게를 열고 싶니?"

"엄마는 1년에 100만 엔을 더 벌 수 있게 열심히 노력하려고."

"대학에서 ○○을 전공하길 잘했지 뭐야. 그 덕분에 다른 사람들보다 월급이 많거든."

남자에게 돈을 많이 벌 수 있느냐 없느냐는 성공을 가늠하는 여러 기준 중 하나다. 그렇다고 무조건 돈만 잘 벌면 된다는 것은 아니다. 아무리 남들보다 돈을 많이 벌어도 육체적, 정신적으로 피폐하거나 편히 쉴 여유조차 없다면 성공했다고 말할 수 없기 때문이다.

자신의 삶에 보람을 느끼는 직업을 갖고 효율적으로 돈을 벌어서 인생을 어떻게 즐기느냐가 중요하다. 따라서 자녀에게 돈을 위해서 일하는 것이 아니라, 삶의 즐거움을 위해서 일하는 것이라는 생각을 심어주고, 또한 일하는 것 자체가 삶의 기쁨이 되는 '성공의 씨앗'을 심어주도록 하자.

'돈을 잘 버는 씨앗'을 기르는 "만약에?"라는 질문

"만약에?"로 시작하는 질문은 아이의 잠재의식을 자극할 수 있다. 또한 부모와 자식이 이런저런 대화를 나눔으로써 유대감이 깊어진다.

자, "만약에?"라는 질문을 통해서 남자아이의 잠재의식에 슬며시 '돈을 잘 버는 씨앗'을 심어보자.

1. 만약에 당신이 퀴즈 프로그램에 출연해서 10만 엔의 상금을 획득했다고 하자. 그런데 다음 문제에 도전해 정답을 맞히면 100만 엔을 획득할 수 있다. 단, 오답일 경우 기존에 획득한 10만 엔의 상금은 날아간다. 자,

당신이라면 어떻게 하겠는가?

2. 만약에 당신에게 20~60세까지 일하지 않아도 매달 20만 엔씩 준다는 계약이 들어온다면 이 계약을 체결하겠는가? 단, 다른 일을 해도 20만 엔 이상의 돈은 절대로 들어오지 않는다. 또한 일단 체결한 계약은 중도에 해지할 수 없다.

1. 만약에 당신이 퀴즈 프로그램에 출연해서 10만 엔의 상금을 획득했다고 하자. 그런데 다음 문제에 도전해 정답을 맞히면 100만 엔을 획득할 수 있다. 단, 오답일 경우 기존에 획득한 10만 엔의 상금은 날아간다. 자, 당신이라면 어떻게 하겠는가?

어른이라면 망설임 없이 "100만 엔에 도전하겠다"고 답할지 모르지만, 아이에게 10만 엔은 큰 액수다.

이 질문을 통해서는 눈앞의 확실한 보수를 손에 넣을 것인지, 아니면 위험을 무릅쓰고 더 큰 보수에 도전할 것인지, 각각의 장단점을 생각하는 능력과 결단력을 키우는 씨앗을 심을 수 있다.

자녀가 "당연히 100만 엔에 도전할 거예요!"라고 답한다면 "그래? 그런데 만약 정답이 아니면 10만 엔을 놓칠 수도 있는데 괜찮겠어? 그때의 실망감은 어떻게 할 거야?"라고 물어본다.

만일 자녀가 선뜻 대답하지 못하고 우물쭈물한다면 "엄마라면 10만 엔을 지불하고 재미있는 경험을 했다고 생각할래" 또는 "열 번 정도 더 도전하면 되지 않을까?"라고 말해주는 것도 좋다.

2. 만약에 당신에게 20~60세까지 일하지 않아도 매달 20만 엔씩 준다는 계약이 들어온다면 이 계약을 체결하겠는가? 단, 다른 일을 해도 20만 엔 이상의 돈은 절대로 들어오지 않는다. 또한 일단 체결한 계약은 중도에 해지할 수 없다.

아이에게 조금 어려운 질문일 수 있다. 이때 자녀에게 '20만 엔이면 혼자 사는 데는 별문제가 없지만 둘이 살려면 조금 빠듯한 액수'라는 것을 일러주자. 이 질문을 통해서는 돈의 가치와 노동의 의미, 삶의 보람, 도전에 필요한 용기 등의 씨앗을 심을 수 있다.

만약에 자녀가 "40년이나 공짜로 돈을 받을 수 있다면 당연히 그게 더 좋지 않아요?"라고 답한다면 "그렇지만 노동이 얼마나 기쁜 일인지도 모르고 그냥 죽을 거야?", "만약에 다른 일을 하면 몇십 배나 더 벌 수 있는데?"처럼 노동과 도전의 즐거움을 알려준다.

매력적인 남자는 데이트할 때 여자에게 돈을 내게 하지 않는다

심리 치료나 강의를 하다 보면 여성들의 속내를 들을 기회가 많다. 그리고 대부분의 여성들이 '좋은 사람을 만나면 결혼하고 싶다'고 바라는 것을 알 수 있다.

이런 여성들이 '간만에 좋은 사람을 만났는데 아쉽다'고 생각하는 공통적인 상황이 있다. 바로 '호감이 간다', '괜찮다'고 느껴지는 남성과 식사를 마치고 즐거운 시간을 보낸 후, 여자가 매너로 "더치페이 할까요?"라고 말했을 때다.

이때 어떤 남자는 "아니요. 괜찮습니다. 당연히 남자인 제가 내야죠"라고 말하고, 어떤 남자는 "그럼 ○○엔씩 내죠"라고 하며 절반만 계산한다. 또 어떤 남자는 "그럼 ○○엔만 내세요"라고 하며 자신이 조금 더 부담하기도 한다. 흔히 목격할 수 있는 상황인데 여자들의 머릿속에는 다양한 생각이 교차한다. 사실 요즘은 남녀 평등 시대라 더치페이를 하는 것이 당연한 일이다. 그래야 평등하니까.

그런데 대부분의 여자들은 속으로 '실망'한다.

딱히 돈을 내기 싫어서가 아니다. 아무 이유 없이 남자에 대한 매력이 줄어든다고 느낀다. 남자들의 입장에서 보면 '참 제멋대로다'라는 생각이 들겠지만 이것이 여자들의 속내다. 반대로 여자가 돈을 내려고 해도 남자가 먼저 계산을 하면 호감도가 급상승한다고 한다. 기댈 수 있는 사람이란 생각, 또는 마음과 생활에 여유가 있는 사람이라는 인상을 받기 때문이다.

솔직히 나도 딸에게서 "오늘 데이트했는데 각자 냈다"는 말을 들으면 내심 '뭐? 연상인데? 남자가 좀 그러네…'라는 생각이 든다. 그런데 아들에게 "오늘 데이트했는데 여자 친구랑 더치페이 했다"는 말을 들으면 내심 '그래? 여자애가 센스가 있구나'라는 생각을 한다. 팔은 안으로 굽는다고 엄마라는 존재가 이렇다. 자식 편을 들게 되고 부모 입장에서만 생각하게 된다.

그런데 곰곰이 잘 생각해보자. 아들을 둔 엄마라면 '남자만 돈 내는 것은 손해다'라며 분해할 게 아니라, 그보다 아들이 여성에게 매력적인 남성으로 비춰지고 남성으로서 자신감을 얻는 편이 더 기쁘지 않겠는가?

내가 여기서 하고 싶은 말은 결코 돈으로 여자를 낚으라는 것이 아니다.

남성으로서 여성을 신사적으로 대하는 매너, 여성이 돈을 내지 않아도 될 정도의 경제적인 여유와 정신적인 여유를 갖추었으면 하는 것이다.

남에게 입에 발린 말이나 하고 외모에 관심이 많은 비호감적인 남성으로 키우지 않기 위해서라도 남자아이의 잠재의식에 '돈을 잘 버는 씨앗'을 심어주도록 하자.

이 씨앗은 자신감과 편안함 그리고 멋진 여성을 자유롭게 선택할 수 있는, 남자에게 꿈과 같은 미래를 가져다줄 것이다.

| 마치며 |

남자아이를 둔 이 세상의 모든 엄마, 아빠에게

'아이의 잠재의식에 성공의 씨앗을 심는 책을 써보고 싶다.'

이런 생각을 가지게 된 것은 지금으로부터 몇 년 전, 벚꽃이 피는 어느 봄날의 일이었다. 그때 나는 '신장, 소장, 자궁, 난소 네 군데에 종양이 전이되었다'는 의사의 말에 갑작스럽게 죽음을 맞닥뜨리게 되었다.

'왜 하필 나야? 내가 무슨 잘못이라도 한 건가….'

사람은 누구나 언젠가 죽는다는 것을 알고 있었지만 막상 죽음을 눈앞에 두니 소름 끼칠 정도로 두려웠고 말할 수 없는 절망감에 온몸이 떨렸다. 그리고 무엇보다 두 아이를 남겨두고 죽는 것이 제일 두려웠다. 당시 딸은 고등학생, 아들은 중학생이었다. 어린 나이는 아니었지만 그래도 아직 엄마의 손길이 필요한 시기였다.

나는 수술하기 전 아이들을 불러 직접 유언을 전하고 싶었다. 머릿속에는 온통 '엄마가 없어도 공부 열심히 해서 좋은 대학에 들어가거라. 그리고 안정된 직업을 가져라'라는 말뿐이었다. 그런데 어두운 표정을 한 딸과 엄마를 본체만체하는 반항기의 아들을 본 순간, 다른 말이 나왔다.

"있잖니, 너희들도 알겠지만 엄마가 죽을지도 몰라. 엄마가 죽고 나서 너희들이 앞으로 대학을 선택하거나 직업을 선택하거나 결혼을 하거나 어쩌면 이혼을 할지도 모를 텐데. 그런 순간이 찾아올 때마다 '엄마라면 뭐라고 할까?'라는 생각이 들 거야. 그럴 때의 답을 미리 말해줄게."

아들은 내가 말을 하는 동안에도 여전히 나를 본체만체했다.

"만약에 살다가 어느 쪽을 선택해야 할지 고민이 될 때는 눈을 감고 마음의 소리를 잘 들어보렴. 어느 쪽이 설레고 어느 쪽이 행복할 것 같은지. 설령 너희들의 선택이 남들 눈에는 어리석어 보이거나 고생하는 것처럼 보여도 망설이지 말고 마음의 소리를 따라서 선택했으면 좋겠다. 이게 엄마가 너희들에게 꼭 남기고 싶은 말이란다."

순간 나는 '아니 도대체 내가 무슨 말을 한 거지?'라며 깜짝 놀랐다. '공부 열심히 해서 좋은 대학에 가라'고 말하려고 부른 건데… 그런데 실제로 아이들에게 머릿속의 생각과 다른 말을 하고 나서야 비로소 나는 '아, 이게 내가 아이들에게 진짜 하고 싶었던 말이구나' 하는 확신이 들었다.

"그리고 아마도 너희가 어른이 되면 '엄마에게 좀 더 잘할걸. 효도할걸' 하는 후회가 밀려올지도 몰라. 그래서 엄마가 효도하는 방법을 알려줄게. 이 역시도 눈을 감고 너희들 마음의 소리를 잘 듣는 거야. 지금 자신이 가슴 떨리는 목표를 향해서 나아가고 있는지 아닌지. 만일에 목표를 향해서 나아가고 있다면 그게 엄마를 위한 최고의 효도란다."

딸은 눈물을 뚝뚝 흘렸다. 아들은 여전히 나를 본체만체했지만 눈시울이 벌겋게 달아올라 있었다.

그 다음 날, TV를 보면서 누워 있는 나를 곁눈질하던 아들이 발로 TV의 방향을 내 쪽으로 돌려줬다. 발로 돌린 것은 버릇없었지만 나와 말도 잘 섞지 않는 아들이 '그래도 엄마를 걱정하고 있구나' 하는 따뜻함이 전해졌다.

나는 이 책에서 남자아이를 성공을 거머쥐는 사람으로 이끌기 위한 방법을 소개했다. 그러나 부모라면 누구나 자녀가 건강하게 자라주는 것이 가장 큰 바람이 아닐까? 기적적으로 살아남게 된 나는 암 투병의 경험을 통해서 소중한 것을 깨달았다.

바로 '오늘이라는 평범한 하루가 결코 되돌릴 수 없는 인생의 소중한 날이라는 것'을.

그러니 남자아이를 둔 이 세상의 모든 부모들이여. 부디 평범하지만 보물과 같은 오늘, 마음껏 소중한 아들을 사랑해주길 바란다.

내 아이를 위한 7가지 성공 씨앗
— 남자아이 편

초판 1쇄 인쇄 2019년 3월 22일
초판 1쇄 발행 2019년 4월 1일

지은이 | 나카노 히데미
옮긴이 | 이지현
펴낸이 | 윤희육
편집 | 신현대
디자인 | 김윤남
마케팅 | 석철호

펴낸곳 | 창심소
등록번호 | 제2017-000039호
주소 | 경기도 파주시 문발로 405(신촌동) 307호
전화 | 070-8818-5910
팩스 | 0505-999-5910
메일 | changsimso@naver.com

ISBN 979-11-965520-3-9 03590

이 도서의 국립중앙도서관 출판예정도서목록(CIP)은 서지정보유통지원시스템 홈페이지(http://seoji.nl.go.kr)와 국가자료공동목록시스템(http://www.nl.go.kr/kolisnet)에서 이용하실 수 있습니다.(CIP제어번호: CIP2019009649)